100 STYLOS DE LÉGENDE
100种名笔

〔法国〕伊莎贝尔·夏贝尔 纳塔莉·瓦拉斯 著 赵然 译

译林出版社

图书在版编目（CIP）数据

100种名笔 ／（法）夏贝尔，（法）瓦拉斯著；赵然译. —南京：译林出版社，2013.4
（字里行间 奢侈品）
ISBN 978-7-5447-3576-6

Ⅰ.①1… Ⅱ.①夏… ②瓦… ③赵… Ⅲ.①笔－介绍－世界 Ⅳ.①TS951.1

中国版本图书馆CIP数据核字（2012）第316167号

Original title：《100 Stylos de légende》

© 2001 COPYRIGHT SA, 12, villa de Lourcine-75014 Paris, France

Simplified Chinese edition copyright: © 2013

by Phoenix-Power Cultural Development Co., Ltd

All rights reserved.

著作权合同登记号　图字：10-2012-574号

书　　名	100种名笔
作　　者	〔法国〕伊莎贝尔·夏贝尔，纳塔莉·瓦拉斯
译　　者	赵　然
责任编辑	陆元昶
特约编辑	李　怡　武中豪
出版发行	凤凰出版传媒股份有限公司
	译林出版社
出版社地址	南京市湖南路1号A楼，邮编：210009
电子邮箱	yilin@yilin.com
出版社网址	http://www.yilin.com
印　　刷	北京燕泰美术制版印刷有限责任公司
开　　本	710×1000毫米　　1/8
印　　张	18.5
字　　数	170千字
版　　次	2013年4月第1版　2013年4月第1次印刷
书　　号	ISBN 978-7-5447-3576-6
定　　价	120.00元

译林版图书若有印装错误可向承印厂调换

100种名笔

在罗马发现的公元1世纪时的笔，可以用来在蜡质小板上进行雕刻书写

公元前3000年至公元前1000年之间的巴比伦带字小板

1988年，随着著名杂志《钢笔世界》(Pen World)以及其他一些重要参考书的出版，如《施奈德与菲施勒》(Schneider et Fischler)或伦敦宝龙拍卖行(Bonham's)的拍卖名录，钢笔收藏才正式诞生。这些资料总集不仅是收藏家之间互通有无的不二途径，同时也开创了钢笔收藏这个广大的市场。通过这些资料，我们可以清晰地看到一个奇怪的现象：钢笔的故乡是美国，欧洲国家钢笔业早期的发展往往比较落后。当然，在意大利，塔万蒂(Tavanti)的著作可谓首屈一指，其次是杰尔马尼(Germani)、德拉戈尼(Dragoni)、多尔奇尼(Dolcini)和马吉(Maggi)以及阿尔特里(Altri)的著作。在法国，我和皮埃尔·奥里(Pierre Haury)一直在一起努力研究关于钢笔的所有书目。在英国，安德烈亚斯·朗布鲁(Andreas Lambrou)出版了最为全面的参考书。然而，在如今钢笔收藏发展突飞猛进的欧洲各国中，真正的钢笔市场还是属于英国。在英国，不但有著名的钢笔秀，还有不计其数的拍卖行和高档专卖店。所以说，在这种情况下，世界上最大且最重要的钢笔博物馆能在我国(法国)诞生和发展实在令人称奇，特别是博物馆中的收藏，丰富且具有重要的文化价值。为此我们必须庆贺，因为这家博物馆的诞生促进了欧洲钢笔业的发展，使得这十年来欧洲的钢笔行业经历了一段黄金时期。值得一提的是，钢笔博物馆刺激了意大利的众多小品牌，令其活跃发展。如今，钢笔市场发生了翻天覆地的变化：钢笔生产地从美国转为法国、意大利、瑞士、德国以及英国。美国如今只是购买而不再生产钢笔部件。不少知名的美国制笔巨头，不是从欧洲直接进口成品，就是委托欧洲生产车间制造他们设计的钢笔，比如著名的柯龙(Krone)。

钢笔其实是一种极具传奇性的集合体，它有着独特的象征意义，有其流传于世的恒久性，同时也对人们的思想和想象力产生无尽影响。通常，钢笔无非就是一种很平常的写字工具，而如今，它却摇身一变，成了权力地位的象征。除了钢笔之外，名车、名表、刀具和香水都可以象征一个人的社会地位。而在这些权势的象征中，名笔和名表则又有着一种神秘的亲缘关系。不少的手表爱好者都会转到钢笔收藏市场中；名笔制造品牌奥玛仕(Omas)和万宝龙(Montblanc)同时也涉足手表制造；著名杂志《钢笔世界》的编辑格伦·鲍恩(Glen Bowen)同时掌管着另一本关于手表的杂志。

汽车的自动驾驶功能，手表的石英机芯，钢笔的塑料笔芯以及中性笔的诞生解决了生产者们以往碰到的不少技术性问题，于是之前工匠们对艺术美感和精湛技艺的不懈追求慢慢演

(右页)
由桑普森·莫丹(Sampson Mordan)于1840年制造的笔杆，用于插上笔尖进行书写，其制造手段源于1809年布拉马(Bramah)所发明的方法

4

18世纪英国制造的混凝纸浆质地笔盒及鹅毛笔

变为工程师们对高超技术的不断探索。技术的不断发展使这些我们常见的工具的功能大大超出了它们自身原本的功能。技术的强大及高效确实使艺术美感和精湛技艺为之逊色。一只斯沃琪（Swatch）手表往往比一只大师级的名表准时很多，一支中性笔往往比一支华贵的钢笔使用起来更简单方便，还不爱出毛病。以签署条约时用到的钢笔为例：美国总统和中国领导人签署条约时，尴尬地拿出一支普通的圆珠笔，理由是他最为名贵的限量版钢笔坏了，这种窘迫的情况该多让美国气恼。为了避免这种情况，著名品牌派克（Parker）考虑在签署重要文件时准备一种备用钢笔来应急。其实在我看来，钢笔这种东西，往往会带着一些感情色彩，承载着使用它的主人的人格特征，在这一点上，名车和名表

富有传奇性的，它不仅能够展示人类最为崇高的活动——思考，也同时为人们展示了它卓尔不群的风格和气质。

不少人都问我，为什么把钢笔列为传奇的工具之一呢？自打我建立钢笔博物馆以来，这个问题也始终在我脑海中挥之不去。事实上，我成立这个钢笔博物馆并非完全依据众多钢笔收藏者所公认的那些原则，如一睹某些稀缺名笔的芳容。

某些钢笔，如威迪文（Waterman）CF墨芯钢笔、万宝龙149号或者派克51系列，事实上都不少见，但这些名贵的钢笔并不能体现钢笔文化的精髓，就好像香奈儿（Chanel）5号不能代表香水文化，劳力士（Rolex）手表也不能完全再现手表的历史文化一样。在此，我想尝试按照我自己的方式概括出几点标准，也就是为什么博物馆里的钢笔可以称得上是传奇的，甚至是神话般的。

第一点标准：历史重要性。世界上第一支性能良好的钢笔（1884年生产的威迪文牌钢笔）大体满足这一原则。这支笔之所以高贵，完全由于它实在是太难找到了。我用了十年的时间寻找，然而总是无功而返，当时我只认识一个有幸见到过这种笔的人。目前能够证明这支笔存在的证据唯有《施奈德与菲施勒》中所出现过的两张彩色照片了，而不巧的是，文章作者却不知道这两张图片的出处。于是，我们不得不退而求其次，找

18世纪法国制造的象牙笔杆

都不如一支小小的钢笔，就像著名作家保罗·瓦莱里（Paul Valéry）所说，钢笔就好像为一个人的躯壳增添了些许高贵一般。几个世纪以来，笔逐渐演变成一种艺术的产物，一种思想和智慧的象征。而钢笔则又比众多种类的笔多了一份恒久隽永和典雅脱俗。可以说，一支钢笔是

到了一支 1890 年之前的钢笔，还有一支 1894 年的马蹄铁形钢笔。如今，随着时间的迁移，不少当年朴实无华的笔变得越来越神秘，就好像第一支比罗（Biro）圆珠笔。

第二点标准：美学价值。不过这一点很难客观地去做出评价。《钢笔世界》定期就会做一些读者调查，不过在我看来，读者的意见固然重要，但众多博物馆和钢笔设计者的意见也同样重要。比如派克蛇（Snake）笔，不少人都对其过分吹捧；还有不少人对威迪文的一款印度花纹（Indian Scroll）钢笔大加赞赏。广受钢笔爱好者追捧的日本百乐（Pilot）旗下的两支并木（Namiki）莳绘钢笔在宝龙拍卖行竞卖出了 16 万法郎的高价，成为当之无愧的艺术精品，可以与莫霍伊－纳吉（Moholy－Nagy）创造的派克 51 系列并驾齐驱，与切里尼（Cerrini）精心雕琢的什蒂普洛（Stipula）钢笔相提并论，与约尔格·希塞克（Jörg Hysek）为登喜路（Dunhill）品牌所作的设计或是与威迪文创造的思逸（Sérénité）系列同日而语。

第三点标准：钢笔设计师们巧夺天工的精湛技艺。比如，由热拉尔·勒菲弗（Gérard Lefèbvre）亲自操刀的海之领主（Almirante）钢笔，其笔身上图案的宏伟与细腻令人惊叹；派克出品的 75 系列钢笔笔身上的经典格状雕镂图案细腻有致；奥玛仕出品的济安·洛伦佐·贝尼尼（Gian Lorenzo Bernini）钢笔由 18k 金打造，是史上第一支拥有 20 个面的钢笔；维斯康提（Visconti）的阿尔罕布拉（Alhambra）笔，笔身由红色胶木制成，其设计构思来源于摩尔建筑文化的蜂巢状花边；再比如奥玛仕的耶路撒冷（Jérusalem）笔，是由白金精心雕镂制成的。不少的设计师设计一款笔是为了尽其所能地把笔装饰得复杂精密，成为世界之最。比如世界上最小的一款由威迪文设计的娃娃笔（Dollpen），就是最好的例证。

第四点标准：钢笔本身所承载的象征意义。派克的世纪系列满大人（Duofold Mandarin）笔就是很好的例证，无数的重要条约被签署时都能看到它的身影。说得极端一点吧，这一点标准稍稍带着那么一点恋物癖的味道，好比柯龙牌的亚伯拉罕·林肯（Abraham Lincoln）钢笔嵌入了林肯的 DNA，以使他的精神永远存在；而派克的月亮笔（Moon Pen）则封进了由宇航员带回来的月球上的土壤。

第五点标准：钢笔所带给我们的惊喜。一支出色的钢笔可以激发出我们由衷的赞叹，甚至可以说，一支好笔可以激起任何一个感觉麻木的人对其产生无比渴望。

诚然，众口难调，上面我总结的这五点标准不会完全被大众舆论所认可。然而，舆论是什么？在我看来，所谓舆论，很大一部分是靠一支钢笔的品牌效应以及广告宣传，而不是笔的质量。一项研究表明，在众多的高档笔

1750 年的钢笔

19 世纪的笔杆

19世纪初的鹅毛笔修剪剪刀

饰以金钉的象牙笔杆，笔尖与笔杆的连接处是一只银质手掌，食指上戴着绿松石的戒指，此笔由桑普森·莫丹于1840年制造

中，万宝龙的销售额独占鳌头，其次是卡地亚（Cartier）和S.T.都彭（S.T.Dupont），剩下的品牌就微不足道了。然而，事实上，就质量而言，百利金（Pelikan）远远高于万宝龙；而就创新性和历史悠久性来说，威迪文又远胜于万宝龙；什蒂普洛比万宝龙有着更为细腻的艺术设计；奥玛仕在限量版系列的创造及花样翻新上远远超出了万宝龙。S.T.都彭在市场和交际策略方面做得缜密且自主，所以即使品牌不算太有名，也保持了良好的销售额。然而，派克、犀飞利（Sheaffer）以及威迪文这些大牌由于宣传不够，都已经渐渐被公众淡忘。

近几个月，我们有幸得到了几件历史悠久的罕见之物：一支1750年英国造的比翁（Bion）银质钢笔；而后是一支双杆笔，笔身上刻有"Jago 1808"（杰戈1808）的字样，利用这种笔建筑师们可以轻易地同时画出两条平行线。众所周知，铁质笔头容易生锈，不适合做钢笔，而黄金质地的笔头却又太软容易变钝，不过在笔尖尖端焊接上耐磨合金小球体，如铱粒，就可以解决这个问题。但是大家都不知道，发明这一方法的人是一位名叫罗斯（Rose）的伦敦首饰匠。1822年，这个首饰匠突发奇想，打算在金笔尖上镶嵌两颗红宝石小粒。经过反复斟

酌，他精心雕琢了两块红宝石，然后找到住在同一条街的金笔匠道蒂（Doughty），请求他把两粒红宝石镶嵌到笔上。然而笔匠道蒂人品不太好，把这项发明据为己有。最近几年，随着一支华美绝伦的金笔的发现，事实的真相才水落石出。这支笔的笔头上刻着几个字："Rose, joaillier, inventa；Doughty fabriqua."（首饰匠罗斯发明，道蒂制造。）比翁的钢笔在博物馆里有两支藏品，其构造比较简单。一根中空的硬管再接上一根鹅毛笔管或金质笔管，笔尖部分有个小洞以便墨水通过。书写之前，只要甩一下笔就好。书写完毕，当我们扣上笔帽的时候，笔帽中的一个细插塞就会堵住小洞防止墨水流出。我们的馆藏中还有一支18世纪末的钢笔，笔身上饰有一块鸡血石质地的印记。这只钢笔的构造远远比之前介绍的那支完善得多，然而，可能还是会有些人觉得，这种储水笔实在称不上是真正的钢笔。值得一提的是，博物馆中还收藏着一支1926年的首款马拉特（Mallat）钢笔。

1890年，英国的弗尔施（Folsch）获得了一项专利，代表着第一支真正的钢笔的诞生。这种钢笔通过一根管腔吸吐墨水，其机械装置具有活塞特征，由螺母控制墨水进出笔尖。目前，我们馆收藏着一支同样构造的银制钢笔，其制造年代为1814年。可以说，这是至今为止可知的第一支有上墨系统的钢笔。然而，一个来自上

萨瓦省的名叫吕班（Rubin）的人，却恬不知耻地在1889年将这种装置申请了专利，其手段就和当年道蒂抄袭罗斯如出一辙。1822年，约翰·谢弗（John Scheffer）托付约翰·科特里尔（John Cottril）制造了一种钢笔，墨水的吸吐由钢笔侧面的按钮控制，通过吸管或小滴管进入笔身。博物馆目前收藏着一支迄今为止所知最老的此种钢笔。1832年，雅各布·派克（Jacob Parker）发明了一支自动上墨系统的钢笔。这种笔没有滴管，而是利用内外压力平衡的原理，即通过转动外壳提升活塞来完成上墨，这一发明比康克林（Conklin）的新月式上墨钢笔早了70年。由此可见，古老的派克钢笔其实是相当难得一见的，也是很珍贵的，而众多作家，比如斯坦伯格（Steinberg）、皮埃尔·奥里或是德拉戈尼，提及这种笔的时候只是寥寥几句。曾经，一位姓萨坦（Sattin）的收藏者拥有这样一支银制钢笔。最近，钢笔博物馆有幸通过克拉姆·尤因（Crum Ewin）先生和宝龙拍卖行的帮助，在一次私人拍卖会上得到了一支珍贵的银质自动上墨派克笔。这支笔的所有零件衔接了18世纪比翁所创造的钢笔和第一支威迪文钢笔，可谓承上启下。不过还是很遗憾，如今我们已经找不到1884年款的了，馆藏的只有19世纪80年代末的。

最近的一次宝龙拍卖会上，我们很幸运地买到了不少有意思的物件。首先要说的是一支金质的铅笔接套，上面刻有"Batti N.Y.1900"的字样，并深深地雕刻着一条蛇。蛇，这种雕刻题材并不少见，在我们的博物馆里有整整一橱窗的带有蛇的装饰的展品。这些纯粹作为装饰的蛇，做工考究，神态大都很平和，但是由希斯设计的派克蛇笔则不然，笔套上的蛇栩栩如生，面目狠毒，撕扯开笔身开辟出一条道路，血盆大口中红芯嘶嘶，好像在伺机而动。买这支笔的时候，我们参考了格伦·鲍恩和拉法埃拉·马拉古蒂（Raffaella Malaguti）的意见：美学价值至上。

也正是本着美学价值至上这一理念，我们又购买了20世纪20年代的康韦·施图尔德（Conway Steward）钢笔。康威·施图尔德这一品牌可以说是20世纪英国最著名的钢笔制造品牌，它的笔性价比高，彩色笔身绮丽多变。拍卖会中我们通过菲利伯特（Philibert）先生买到了该品牌的两支钢笔，该款钢笔笔身均由彩色赛璐洛制成，颜色柔和且变幻莫测，和奥玛仕曾出品的一种彩色菱形图案钢笔"阿勒坎"（Arlequin）十分相似。

在制笔工艺层面，各大品牌均竞相尝试，不断推陈出新。1910年，魏德利希（Weidlich）发明了一种上墨系统——火柴式上墨系统；派克创造了著名的世纪（Duofold）系列钢笔；百利金在1931年发明了第一支有别于一般活塞上墨系统的钢笔，等等不一而足。

在众多馆藏钢笔中，值得一提的是一支在

派克笔盒，公司用它把修理好的钢笔邮寄给顾客

派克博物馆（musée Parker）所在地简斯维尔发现的派克 51 系列钢笔。这支笔是目前已知的唯一一款金质彩虹三色笔帽的钢笔。在派克 51 系列诞生十年后问世的彩虹 61 系列，其名气远远无法与派克 51 系列匹敌。派克 51 系列的收藏者不计其数且十分狂热，每次新款钢笔问世的时候，众多收藏者们往往争得头破血流。近日我们放弃了购买一支 1938 年出品的老款 51 系列金笔，这支笔价值 3 033 欧元，在 51 系列钢笔中算是价值不菲的了。

其实不难看出，博物馆在一定程度上相当注重钢笔的历史，然而，我们馆藏的众多钢笔也是与时俱进的，比如我们在这里可以看到相当多的中性笔，还有各种先进的制造工艺。比起名贵的威迪文贵族（Patrician）系列或派克蛇笔，那些普通的中性笔、圆珠笔实在是平淡无奇，最后都会被丢进垃圾桶，结束它们的使命。但是，我们也绝对不能轻视它们。

博物馆中这些古老钢笔的前世今生无疑丰富了我们的视野，在此基础上我们又在展品陈列中加入了其他新奇的元素，比如一些设计师和艺术家专门为孩子和收藏爱好者设计的富有想象力的钢笔，等等。当然，除了展出的这些精美绝伦的钢笔外，在博物馆里还有不少有趣的东西供广大参观者参观，诸如：钢笔书法、折纸艺术、墨水瓶以及其他的书写工具。我们

之所以这么做，是因为以往的博物馆的展出布置主要面向收藏者，为他们展出一些传统的展品，这样做未免有些单调，所以我们融入了很多新的元素。

这本书和我们的博物馆，事实上是专门为那些懂得透析市场学这门奥妙无穷的学问的人而准备的。书本中华丽的彩页和博物馆中一扇扇橱窗的背后，其实向我们展示了一场无硝烟的战争，每一个品牌都在尽其所能地去争夺至高无上的地位。透过这些，一名真正的市场学专家可以看到万宝龙一直在慢慢地向钢笔业的主导地位进军，而这一趋势是必然的，因为一些大财团没有能力去更深入地发掘和发挥众多具有传奇色彩的大品牌（比如威迪文、派克、犀飞利以及百利金）的优势，而是简单地把这些历史悠久的品牌限定在大众消费品这个层面上。我们由衷地希望这种趋势可以扭转，因为，这些历史上声名显赫的钢笔制造业巨头所制造出的每一支笔如今都还有着其难以超越的价值，是无价之宝。在博物馆之后的几次展览中，我们打算主要展出一批这些大品牌所生产的笔，这些笔由于缺少必要的广告宣传，已经被大众淡忘了。

实际上，不少钢笔专卖店总是容易受到广告影响，极力推广那些比较少见然而并不会经典永存的钢笔。这一策略在某种程度上使得钢笔复制大肆盛行，也逐渐使这一行业变得庸俗平凡。不少的大财团时不时推出一批所谓的限

量或纪念版钢笔，其实他们只不过简单地利用电脑，在普通钢笔上刻上某款珍藏钢笔的签名，然后一支普通的钢笔就摇身一变，成了纪念版！限量版钢笔的大肆盛行是 20 世纪 90 年代的常见现象，后来，随着各种交流信息的增多，这种由广告带来的伪传奇现象才慢慢地土崩瓦解。

出版本书的目的，是想尽可能摆脱潮流的束缚，向广大读者提供更多的信息。通过阅读这本书，读者们不难发现：众多小品牌在创造性、产品质量以及技艺精湛方面都不输给大品牌。在这本书中，读者会惊奇地发现关于奥玛仕钢笔的描述远远超过钢笔巨头万宝龙。这是因为，从 1925 年创立至今，奥玛仕一直本着质量至上、创新至上和多元化这三条原则。但是很遗憾，由于缺乏必要的资金支持，奥玛仕在欧洲不是很有名气。相反，在钢笔的故乡美国，不少的钢笔爱好者确实是行家里手，于是不管有没有推广，奥玛仕钢笔还是被各路爱好者极力追捧。就这一观点，伯纳德·阿诺特（Bernard Arnault）与我不谋而合。这位世界奢侈品教父利用他敏锐的洞察力探查到了奥玛仕可能是顶级大牌万宝龙强有力的挑战者，于是，他便将前者收编旗下，成为法国酩悦·轩尼诗－路易威登集团（LVMH）生产和销售的一部分，希望奥玛仕能够依仗着 LVMH 的强大实力，以崭新的面貌被更多的人认识和欣赏。由此，我们也衷心希望像派克、犀飞利和百利金这样的品牌能够意识到这点，重振雄风。

钢笔博物馆刚刚诞生的时候，不少钢笔收藏界的纯粹主义者非常吃惊。他们不明白我们为什么要在博物馆里面展出一些大家通常可以在商店里买到的现代货。我们之所以这样做是因为——和众多收藏者不同——我们深信，一件东西即使再怎么古老，再怎么稀有，也不能给这件东西带来任何的内在价值。在我们看来，20 世纪 90 年代的大部分钢笔在想象力和美学价值上绝对不输给那些 20 世纪 10 年代的古董笔。我希望能通过这本书向读者描绘出一幅未来的美好图景，这幅图景既神秘又富有传奇色彩。奥玛仕的海之领主钢笔、S.T. 都彭的元素（Éléments）系列限量笔、并木的风神雷神之笔（Dieu du vent et du Tonnerre）、维斯康提的阿尔罕布拉笔都是传奇的一部分。这些笔可以引起我们的无尽遐想，每当看到这些绝世精品，博物馆中的参观者们都会发出由衷的赞叹。我坚信，这本不算厚的小书可以为您再现一个美妙的钢笔神话世界，在这个世界里，不光有那些珍贵的古董，还有一些最稀松平常的物件儿，甚至是一支普普通通的比克（Bic）牌圆珠笔，这本书可以给您一个新的视角重新认识它们。

布鲁诺·吕萨托
（Bruno Lussato）

法国巴黎阿曼多·西蒙尼钢笔及书法博物馆创建者

告读者

6 月 22 日周五，也就是拍摄过这些绝世珍品几天以后，钢笔博物馆不复存在。很显然，这 1 000 支被装在一只奥玛仕皮箱里的稀世珍宝已经被赞助商垂涎已久。14 点 30 分，一名冒充的快递员来到我的住处，也就是存放着那 1 000 支名笔的地方，他野蛮地袭击我并把我的嘴巴塞住，然后把所有的稀世珍品洗劫一空。

我在此写下这条信息，是想唤起广大读者的注意：如果您见到任何现代风格的金笔、白金笔或中国漆器笔和盛放它的盒子不匹配，就都值得怀疑；任何出处不详但保存良好的历史文物也都需要质疑。1 000 支珍品绝对不会就这么消失掉。

任何能向我提供线索的人，本人必将重谢。

带你领略大海的深邃颜色

安可拉，意大利最为古老的制笔品牌，由朱塞佩·扎尼尼（Giuseppe Zanini）于 1909 年在意大利塞斯托卡伦代成立。公司成立之初主营办公用品、书本及玩具。1919 年，扎尼尼正式将公司的业务完全转到钢笔制造上，并以"安可拉第一钢笔制造公司"的名字注册了公司。该品牌的商标是一支托着一杆钢笔的海锚。刚开始，安可拉笔厂主要生产安全笔以及黑色橡胶滴管古典钢笔，直到 1929 年，笔厂才全面推出其品牌的第一批钢笔。

20 世纪 30 年代，笔厂创始人之子阿尔弗雷多·扎尼尼（Alfredo Zanini）接

安可拉鲍鱼壳钢笔，笔身与笔尾、笔头连接处为镀金银质，笔帽夹为一条巨龙形象，也是镀金银质，龙眼为黄玉

手公司，开始制造第一批赛璐珞质地的钢笔，这种钢笔笔身颜色绮丽多变。20 世纪 50 年代至 60 年代间，笔厂开始生产一种喷注模塑钢笔，其笔尖为派克 51 系列笔尖。而后，同大多制笔业同行的经历一样，随着圆珠笔的诞生，安可拉也逐渐把推广重心放到吸引年轻用户上，然而却收效甚微，1975 年，笔厂不得不停止生产。1997 年，圣蒂尼（Santini）先生收购了笔厂，安可拉再次进军钢笔制造业。

经过多年的销声匿迹后，安可拉笔厂重磅推出的鲍鱼壳（Paua）钢笔极具收藏价值：他们选取了最为古老的一种材料来装饰笔身——珍珠母贝或鲍鱼壳，这种材料由于价值不菲在钢笔制造业不经常为人们所用。这款钢笔的储墨器、笔帽以及笔尾都是用硬质橡胶做成的，笔身部分用鲍鱼壳加以装饰。贝壳的加工过程相当复杂精细，手工打造一支笔的笔身通常需要不下 30 道工序。首先，造笔工匠会精心选择一块贝壳，然后仔细地把贝壳清洗干净并切割成很小的块，这道工序需要极大的耐性，因为要保留贝壳的天然弧度。通常，一块贝壳会被切分为众多细碎的小片，之后，工匠师傅们再一片片地把它们拼接起来，制成一些大概 50 毫米长的小条。鲍鱼壳色泽华美，镶嵌在笔身上形成马赛克效果，与红色硬质橡胶制的笔帽和笔尾搭配起来显得华贵大方。由于每支笔都是手工制造——手工切割贝壳并镶嵌，所以每支笔都是独一无二的。

正开着1957款MGA兜风的米歇尔·奥迪亚尔

从雕塑到书法

米歇尔·奥迪亚尔，生于1951年，法国巴黎人。美术专业毕业后，他开始了其作为肖像画家的职业生涯，而后又转行到了雕刻界。1978年，他在图赖讷创建了个人艺术铸造厂。在那儿，米歇尔使用流传下来的古法进行雕塑创造。米歇尔的艺术理念与同时代的大众艺术理念不同，他一直本着中世纪及文艺复兴时代手工工匠的传统去雕琢自己的作品。1995年，他开始把自己出众的才华运用到钢笔设计上。

用米歇尔自己的话说，每一支手工雕塑钢笔都性感十足，是一种指尖的享受，或神秘、或怪诞……米歇尔通过记忆、阅读、情感经历来获得灵感，然后再给每支笔起一个能够引起联想的名字："他们独自待在沙滩上""花园中""优雅的蚂蚁"，等等。1998年，米歇尔·奥迪亚尔创造了一种笔，首次在笔中融入了承载时

"史前一万两千年"，笔身为猛犸象象牙，笔帽为金质，发行量为一万支

间记忆的材质：陨石、化石……这款"史前一万两千年"（12 000 Years Ago），笔身由在西伯利亚冰冻土层中发现的猛犸象象牙制成，其历史年代大概为公元前12000年。这块象牙被发现的时候保存完好、触感非凡，给人以无尽的神秘感，于是便理所当然地被米歇尔选定为制笔材料。金质笔帽上是一个逼真的象头。著名的博克6号（Bock n°6）笔，笔身上雕刻着一个身长双翼的女性形象，这一形象也正是米歇尔·奥迪亚尔为自己品牌选定的标志。这款笔共打造了十支，其中两支如今为文莱苏丹所有。

带有弹簧抓手安全笔夹的钢笔

奥罗拉（Aurora）——意大利首席笔类制造商，1919 年成立于都灵，创始人为当地的一位纺织商人伊萨亚·莱维（Isaia Levi）。笔厂早期产品为硬质橡胶滴管式钢笔、安全笔以及拉杆上墨钢笔，除此之外，奥罗拉也推出了不少品质优良且质地珍贵的钢笔。1924 年左右，著名的美国制笔业巨头犀飞利推出了用新型材料赛璐珞制成的钢笔，为了提高竞争力，奥罗拉于一年后也开始了这种彩色钢笔的制造。20 世纪 30 年代是奥罗拉的一个创新时代，诺乌姆（Novum）系列钢笔就是该年代的产品。该系列钢笔采用尾部杠杆上墨方式，另一大特色是它的带有弹簧抓手的安全笔夹，可以把笔安全地夹在口袋上。奥罗拉在诸如型号、色彩、小装置等许多方面的设计别出心裁，比如 1934 年出产的星型（Astéropode）钢笔，灵感来自于普尔曼（Pullman）的流星（Météore）笔，采用无笔帽设计，转动装在笔杆尾端的滑动手柄，启动盖子，使笔尖旋出。1935 年，几乎与意大利侵略埃塞俄比亚同时，奥罗拉推出了一款军人特制笔，名为"埃塞俄比亚"

（Ethiopia），配有可以使干墨颗粒与水混合使用的装置。

尽管饱受战乱之苦，奥罗拉笔厂仍然努力不断推陈出新。1947 年他们推出了奥罗拉 88（Aurora 88）型钢笔，该笔由著名工业设计大师马尔切洛·尼佐利（Marcello Nizzoli）设计，堪与派克 51 系列钢笔相匹敌。1954 年，圆珠笔已进入市场并广受欢迎，为了与之对抗，奥罗拉推出了可使用卡式墨水芯的奥罗拉 88 型钢笔，这种笔笔身粗大，可以容纳一支由诺贝尔化学奖得主居里奥·纳塔（Giulio Natta）发明的聚乙烯卡式墨水芯。20 世纪 60 年代，奥罗拉被维罗纳家族收购，而直到 1970 年，制笔业市场仍被圆珠笔所占据。

20 世纪 70 年代，奥罗拉与著名建筑师马尔科·扎努索（Marco Zanusso）合作，推出了一款革命性的钢笔——哈斯迪尔（Hastil）钢笔。马尔科·扎努索 1916 年生于米兰，1935 年至 1939 年间在综合工科学校主攻建筑专业，曾为好利获得（Olivetti）

1970年产哈斯迪尔钢制钢笔，现代工业设计的象征

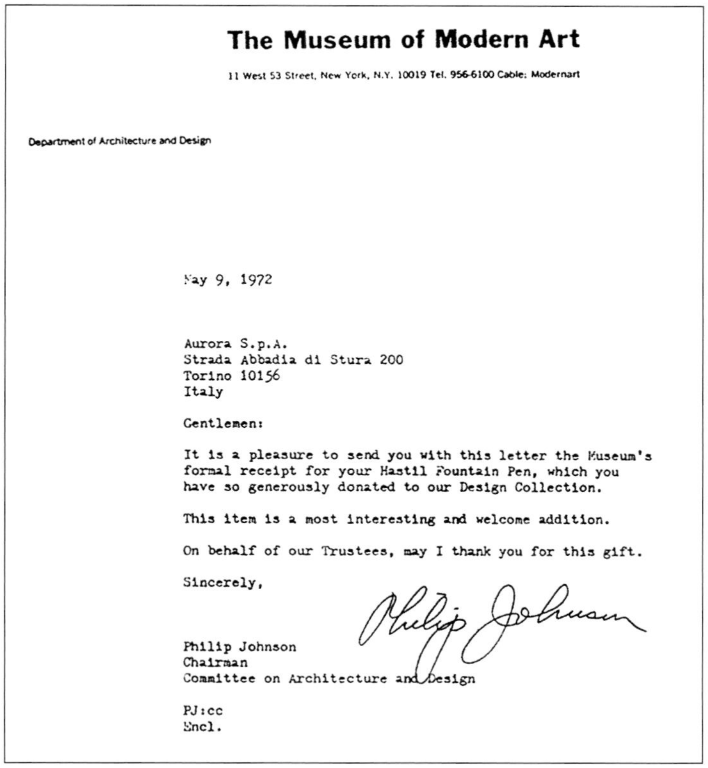

The Museum of Modern Art

11 West 53 Street, New York, N.Y. 10019 Tel. 956-6100 Cable: Modernart

Department of Architecture and Design

May 9, 1972

Aurora S.p.A.
Strada Abbadia di Stura 200
Torino 10156
Italy

Gentlemen:

It is a pleasure to send you with this letter the Museum's formal receipt for your Hastil Fountain Pen, which you have so generously donated to our Design Collection.

This item is a most interesting and welcome addition.

On behalf of our Trustees, may I thank you for this gift.

Sincerely,

Philip Johnson
Chairman
Committee on Architecture and Design

PJ:cc
Encl.

哈斯迪尔钢笔入驻纽约
现代艺术博物馆

及倍耐力（Pirelli）等知名企业做过设计。哈斯迪尔钢笔外形简单流畅，具有极简抽象派艺术气息，由经过特殊处理的钢材制造。其流线型的笔身十分纤细，直径仅有 8.5 毫米，笔夹部分不同于以往的钢笔是突出于笔身的，而是与笔身齐平。另外值得注意的是，哈斯迪尔钢笔具有两个防渗漏装置，这两个防漏装置为黑色轧齿形，位于笔身内部储水器的尾部，当打开笔帽时，笔帽中夹住笔身的微型弹簧系统就会触动防渗漏装置，防止钢笔漏水。再好的设计也离不开良好的技术支持，马尔科·扎努索深知这点，于是他发明了一种独特的供墨系统，并申请了专利，还命名为"伊德罗格拉夫"

（Idrograph）。这一系统有两层装置，毛细管外包内层充气层保证平常使用时墨水可以顺畅流动，外层含收纳装置以防渗漏。哈斯迪尔钢笔笔尖由 14k 人造白金制造，笔尖颜色与笔身极其相配。该款钢笔堪称经典，是意大利品牌中的不朽神话，并被永久陈列于纽约现代艺术博物馆的工业设计厅。

另一款1970年产磨砂黑钢制哈斯迪尔钢笔，其名气远远不及同年的哈斯迪尔钢制钢笔

15

以一敌十的钢笔

钢笔投放市场时所做的广告及成套出售的坦克-400型钢笔

1947 年，皮埃尔·贝尼奥尔（Pierre Baignol）在加隆白鸽城建立了自己的笔厂。同年，一支举世无双的钢笔——坦克-400 型（Tank-400）钢笔诞生了。这一霸气的名字无疑让人们想起了战火硝烟中隆隆前进的装甲战车，笔厂创始人希望它能够像战场上所向披靡的战车一样，力压群雄，在所有钢笔中独领风骚。

这支笔最为突出的一点就是超大的墨水承载量，基本可以称得上是以一敌十，一支笔就可以顶得上十支普通钢笔。另外，这款钢笔还相当坚固耐用，笔身由有机玻璃制造而成，这一点使它不易损坏。最后，笔厂还承诺对此款钢笔终身保修。坦克-400 型钢笔为储水钢笔，也就是说，这款笔粗大的笔身就是一支超大容量的墨水承载器，只需轻轻拧几下，笔身就可与笔端衔接。此款钢笔出售时，附带四个墨水颜色不同的墨水囊，当墨水囊里面的墨水用完的时候，可以方便地利用滴管重新上墨。

坦克-400 型钢笔可以称得上是名符其实的可随身携带的书写工具，因为在当时那个年代，一瓶墨水对钢笔是极为重要的，没墨水了就需要去灌，而这款钢笔则不然。坦克-400 型钢笔的广告把其奉为文学家、记者、会计师以及商务人士的理想工具，一件现代且绝妙的工作利器，并声称任何困难都无法阻挡它，有了它，人们可以胜任任何工作。同时，广告中也向广大女士建议说，这款笔是送给您的"他"的不二之选。坦克-400，独一无二，出类拔萃，是其时代的象征。

超大容量的笔身使此款钢笔可以容纳大量墨水。此外，透明的笔身即为钢笔储水器，人们可以清晰地看到墨水的使用情况

第一支超级钢笔诞生于1940年，图中这支钢笔为1949年款

钢笔界的无畏无瑕骑士

巴亚尔笔厂始建于20世纪。1920年至1950年间，巴亚尔笔厂几乎垄断了整个法国钢笔市场。战后，品牌创始人艾蒂安·福尔班（Étienne Forbin）将笔厂出盘给他的两个外甥——帕尼西兄弟。帕尼西（Panici）家族的成员均为虔诚的教徒，当时兄弟二人被引荐到一家圣物出售室，人们在那里可以买到祈祷时用的念珠、弥撒经本、教堂推荐用书以及其他一些宗教用物件，然而在这些宗教用品中竟然就有巴亚尔钢笔的身影。

20世纪20年代，该厂推出了第一款钢笔：精益求精45型（Excelsior 45）钢笔。这种笔为黑色橡胶滴管钢笔，在当时风靡一时。第二次世界大战期间，尽管各大笔厂钢笔产量大减，巴亚尔钢笔仍然独领风骚，成为战士们的忠实伴侣。1940年，著名的超级钢笔问世，这一系列钢笔为拉杆上墨笔，配以金质笔尖，笔身为树脂制造，有多款颜色。尽管战时条件艰苦，笔厂仍一直秉承传统的制笔工艺，并严格把控钢笔质量，努力维系该品牌一贯的尊贵和完美。此款笔命名为"Superstyl"（超级钢笔），是因为这名字与"Superstylo"

相似，这一意图表达了笔厂对此款钢笔寄予的无限厚望——出类拔萃。1949年，这一系列钢笔再版，笔身线条变得更加优美。

巴亚尔钢笔之所以享誉盛名，完全与他们一丝不苟的办事风格及其一贯绝佳的产品质量分不开，当然，他们以无畏无瑕的巴亚尔骑士（chevalier Bayard）为题材所做的广告的效应也不容忽视。公司在1923年的广告中宣称其产品无惧竞争和挑剔，并描绘出一位全身甲胄屹立不倒的骑士形象。如今，这一骑士形象已渐渐褪去往日的光华，然而该品牌过硬的质量和优雅的气质永远不会过时。

SOUS LE SIGNE DE LA TRADITION

BAYARD maintient sa qualité prestigieuse
NOBLESSE. DURÉE
PERFECTION

LE Superstyl DE

BAYARD
le stylo
sans reproche

1941年超级钢笔的广告

流传至今的精品圆珠笔

经典的比克水晶系列圆珠笔有蓝、黑、红、绿四种颜色。右面的金色款为纪念跨越2000年的限量版圆珠笔——祝贺（Celebrate）笔

比克公司是由马塞尔·比克（Marcel Bich）与爱德华·比法尔（Édouard Buffard）于1949年在法国创立的。1945年，圆珠笔进入商业化生产，当时美国的雷诺兹（Reynolds）公司推出了一款最新型的圆珠笔，其构思理念来自于最古老的比罗圆珠笔。虽然当时圆珠笔一经推出便获得了很大的成功，但是其墨水出水性能相当不稳定：有时，墨水会慢慢变干，使得书写不畅，或是引起圆珠笔漏水。不单雷诺兹圆珠笔，当时的众多圆珠笔都是如此，无法满足消费者的需求。

于是，马塞尔·比克开始致力于圆珠笔的革新工作。战后，他决定在法国克里希市进行新产品研制。有一天，推着独轮车的他突然有了灵感：圆珠笔笔尖上的走珠不就和这轮子一样么！于是，这位制笔巨头开始了艰苦的研究。研究持续了两年之久，马塞尔最终创造出了一款出水流畅、书写清晰的圆珠笔，这种笔的笔尖走珠圆滑细腻，书写时不会划纸。随着这支圆珠笔的诞生，马塞尔·比克购得了比罗圆珠笔的

专利和生产授权，并决定创建自己的品牌。

当时的法国宣传处长皮埃尔·吉舍内（Pierre Guichenné）听了这一计划后相当兴奋，并答应负责该计划的实施。同时，他也建议马塞尔将自己的姓氏"Bich"里面的"h"去掉，以使公司的名字简洁响亮并容易记忆。1952年，他组织了声势浩大的比克水晶系列圆珠笔的促销活动。当时的法国，不论在哪儿，都会出现比克圆珠笔的广告海报："Elle court, elle court, la pointe Bic"（比克圆珠笔走珠，在跑，一直在跑）。那时候，比克圆珠笔厂每天要售出20万支圆珠笔。经典的比克水晶系列圆珠笔长14.3厘米，直径为8毫米，重约4克。其笔身通体透明，这样人们便可以随时观察到墨水的使用状

况。笔身切面为正六边形，这样的构造使笔身手感舒适且容易书写。笔身处还有一个小洞，空气从此进入，保持笔身内外压强相等，使笔芯中的墨水能够顺利地到达笔尖。比克圆珠笔的两端分别

著名海报大师雷蒙·萨维尼亚克于1952年为比克笔设计的广告

1952年见报的比克笔广告

比克创始人马塞尔·比克，摄于1970年纽波特。当时他50岁，准备参加美洲杯帆船赛，照片中的他虽然没有赢得比赛，但是却神气十足

这幅图详细描绘了比克水晶系列圆珠笔的八个主要组成部分

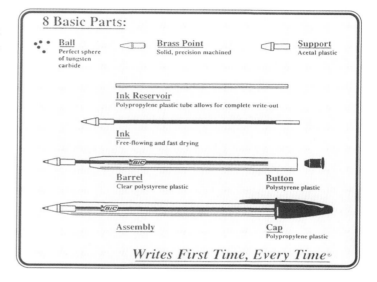

是笔帽和笔尾塞子，其颜色随圆珠笔所灌墨水而定。1991年，依据国际安全准则，设计者在圆珠笔笔帽尖端开出一个小洞，防止孩童不慎吞入笔帽时窒息。

比克圆珠笔的墨水成分有溶剂、树脂及颜料，墨水的注入通过由比克公司设计并制造的机器上墨泵完成。笔尖的加工十分精密，是由一种质地较软的金属在一个铜制轧筒中打磨而成，打磨出来的笔尖从外表看呈圆锥形。笔尖走珠的嵌入工序是该公司研制的一种独特方法，走珠为铁质，比克水晶系列圆珠笔的笔尖走珠直径为1毫米，比克橘色（Orange）系列圆珠笔的笔尖走珠直径则为0.7毫米。一枚直径为1毫米的走珠在书写时可以达到每分钟1 500转的速度。一支比克圆珠笔的墨水足可以画出一条长达3 000米的线，之后没水的笔我们简单地丢掉就好了。这也是马塞尔·比克做出的一项极具革命性的变革：用一次性圆珠笔代替可换芯圆珠笔。投入市场两年后，比克圆珠笔成为法国市场上的领军品牌，销售量直线飙升。1957年，比克公司吞并了比罗－天鹅有限公司（Biro－Swan Ltd），成功进军英国市场。一年后，比克公司又购买了威迪文美国公司，入驻美国市场。20世纪50年代末，该品牌的圆珠笔占据了欧洲70%的市场。随着技术的创新，产品不断推陈出新，1961年，笔厂使用碳化钨制造笔尖走珠，这种材料比铁更为坚硬，有效解决了墨污现象，使比克笔获得了更大的竞争力。

质量上乘、科研领先，这些无疑是比克圆珠笔能在国际市场上立足的不二法则，除此之外，价格低廉也是它的一大制胜法宝。20世纪90年代，比起45年前，一张邮票的价格竟然翻了20倍，而一支比克水晶系列圆珠笔的价格与1952年其问世时比只不过翻了两倍而已。

从1952年问世以来，比克圆珠笔在全世界的销量已经达到了200亿支。1997年，比克集团成功收购犀飞利集团，这代表着在圆珠笔对战钢笔的战争中，比克完胜。

精品中的精品

比克四色圆珠笔的标志

第一个设计生产四色圆珠笔的公司并非比克公司，而是威迪文公司，该公司于二战后推出了第一支四色圆珠笔。1970 年问世的比克牌四色圆珠笔做工考究且物美价廉，设计简单大方，得到了大众的一致认可。

1970 年，比克水晶系列圆珠笔已经成为众多学生们喜爱的书写工具，然而，其品牌的四色圆珠笔则更佳：一支圆珠笔就可以代替原来的四支，使用方便且功能强大。

1961年，著名海报大师雷蒙·萨维尼亚克为比克设计了一个可爱的背着笔的圆头小人，小人的头其实就是圆珠笔走珠。第二年，这个可爱的小人就被放置在了"Bic"logo旁边并沿用至今

1970年产的比克四色圆珠笔功能可代替四支不同颜色的圆珠笔

这款四色笔，中等粗细笔头款的笔身为淡蓝色，细笔头款的笔身为橙色。笔身材料为 ABS 塑料（一种抗冲击塑料），可以旋开笔尾以更换笔芯。笔夹及笔尾部、连接笔身和笔尾的黑色小环均为聚甲醛材料制成。圆珠笔走珠为碳化钨，中等粗细笔头款的走珠直径为 1 毫米，细笔头款的走珠直径为 0.7 毫米。承载走珠的笔尖为铜质。圆珠笔尾部蓝色、绿色、黑色及红色的四个按钮也均为聚甲醛材料，四个按钮在笔身内部由不锈钢弹簧与笔芯衔接。四色圆珠笔的透明笔芯均为聚丙烯材质，分别装有四色油墨。与比克水晶系列不同，四色圆珠笔不是一次性使用的，这一点更加符合我们如今的环保理念。

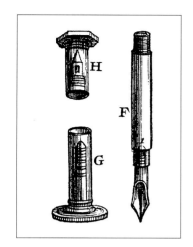

尼古拉斯·比翁的不干笔的专利证书

如同蓄水池一般的钢笔

不干笔中最为少见的一款，笔尖处没有鹅毛笔尖

尼古拉斯·比翁（Nicolas Bion），这位给法国国王路易十四提供数学教具的工程师，于1707年发明了一种名叫"不干笔"（Plume sans fin）的书写工具，成为储水钢笔之父。1715年，他在一本书中对"不干笔"进行了详尽的描述并配以插图。一个世纪以后，此书被埃德蒙·斯通（Edmund Stone）他们翻译成英文，在制笔界引起了不小的轰动。1751年，狄德罗和达朗贝尔在他们编纂的《百科全书》中提到了一种笔："这种笔可以储存一定量的墨水，然后墨水一点点地流向笔头，这样人们就不用在书写的时候不断重新蘸笔了。"

比翁不干笔由三部分组成，其工作原理相当简单：空心的笔身起了蓄水池的作用，可以存储墨水；笔的末端由一个软木制成的塞子塞住；笔的另外一端有一个细管，做好的鹅毛笔尖正好可以拧在上面。后来，一些墨水笔的羽毛笔尖逐渐被金属笔尖所替代。这种笔的笔帽构造巧妙，大小与笔尖相吻合，有一个细塞插座来防止墨水从笔管中渗漏。当人们书写的时候，只要打开笔帽，甩一下笔，墨水就会从蓄水装置中流出，经过笔管流入笔尖。

这种笔大多由黄铜制成，但是，巴黎或者伦敦的主要制造商们也经常会推出金制笔和银制笔。按照比翁原理制造并保存下来的笔最早可追溯到1702年，与比翁笔相似的笔的设计图发表于1764年。

圆珠笔的鼻祖

1946年产的比罗圆珠笔。这是世界上第一支圆珠笔，其设计理念源于1888年约翰·J.劳德（John J.Loud）申请的专利

1946年出售该款圆珠笔时附带的使用说明

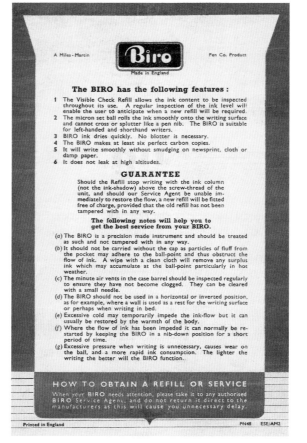

1899 年，拉斯洛·约瑟夫·比罗（Laszlo Jozsef Biro）生于布达佩斯，他所创造的圆珠笔可以说是世界上第一支较为完善的圆珠笔。拉斯洛·约瑟夫·比罗是个相当有创新精神的人，1919 年起，他便醉心于发明圆珠笔。起初，他在新闻印刷厂承担文字校对工作，后来转行做了记者。1938 年，在弟弟乔治·比罗（George Biro）的帮助下，他成功地创造了第一支圆珠笔并申请了专利，此后他们又不断努力对其进行改造。第二次世界大战爆发时，比罗兄弟结识了阿根廷即将上任的总统奥古斯托·胡斯托（Augusto Justo），然后从布达佩斯逃往巴黎，随后又逃往马德里，1942 年，他们辗转迁移到阿根廷，在那里继续改良圆珠笔。之后他们结识了英国

商人亨利·乔治·马丁（Henry George Martin），并和他一起开办了工厂。1943 年，二战战火纷飞，英国皇家空军以及同盟国空军订购了一万多支圆珠笔，为的是保证飞行员在大气压强多变的驾驶舱内可以用笔轻易地书写飞行日志，且不会有漏水的麻烦。

在圆珠笔墨水制造上，比罗可谓煞费苦心。如同印刷时所用的油墨一样，圆珠笔的墨水需要比较黏稠并带有油性，而且必须能快速晾干。于是，比罗便将一种厚重且可以促进干燥的物质与不容易在空气中干燥的油性流质物结合在一起，然后又在这种混合液中加入颜料。为了防止笔油在不书写的时候变干，比罗调整了笔芯管的截面及长度。该款圆珠笔的走珠在书写的时候可以达到每分钟 5 000

1955年3月出现在杂志上的比罗
圆珠笔广告

众多大品牌对它的专利十分看重。最终威尔－永锋公司将此项专利买下。而后雷诺兹也发现了比罗圆珠笔，不顾威尔－永锋对专利的所有权，于1945年推出了其品牌的第一批圆珠笔。可以说，不论是比罗，还是威尔－永锋，或是雷诺兹，都并没有完全为圆珠笔的推广做好准备，他们只能算是这一领域的巨头，而不是圆珠笔业的真正推动者。

圆珠笔，真的是储水钢笔的代替品么

转的速度，其材质为不锈钢或宝石（红宝石、蓝宝石或玛瑙），直径为1毫米，被镶嵌在铜制笔尖上。这种圆珠笔的组装过程是，首先把笔身灌上墨，这时先不安装笔尖，然后再向笔尖中注入墨水，直到墨水达到笔尖末端的滚珠上，最后再将笔尖安装到笔身上。

1943年，比罗为圆珠笔申请了专利，并在1945年将其投入市场。不过公司此后的发展并不乐观。比罗公司的部分产权被埃伯哈德·法贝尔铅笔公司买下，与此同时仍有

二战期间，英国皇家空军利用比罗圆珠笔在高空飞行时精确地记录下敌军的位置

向现代主义致敬

现代主义钢笔笔身上的图案
是由手工艺术家们利用彩色
的珐琅末一点点贴上的

1924 年，阿诺尔德·施魏策尔（Arnold Schweitzer）在日内瓦成立了卡朗达什公司。"卡朗达什"是俄语"karandach"（铅笔）的音译，同时也是法国著名漫画家埃玛纽埃尔·普瓦雷（Emmanuel Poiré）的笔名。

卡朗达什公司以生产一流的绘画用品及绘画颜料而闻名，不少世界闻名的大艺术家们都使用该品牌的产品。同时，该公司也秉承瑞士注重品质的优良传统，制造各种书写工具，如钢笔、自动铅笔等。1970 年以来，卡朗达什公司的制笔业务发展迅猛，先后推出了 150 多款极具收藏价值的钢笔，其中不少款均为限量版。比如，1994 年推出的 1 888 支现代主义（la Modernista）钢笔。之所以只出品 1 888 支，是因为 1888 年巴

笔帽细节

塞罗那世界大会宣告现代主义诞生。设计师倾尽其所有艺术灵感来装饰这款笔，在这款笔的笔身上，我们能够看到富有异国情调的阿拉伯式装饰图案以及色彩鲜

笔身主要为银质并用半透明的蓝色珐琅加以烘托

丽的马赛克图案。

在新笔创造方面，卡朗达什公司经常求助于各大艺术家。这款现代主义钢笔就是如此，参与设计制造这款笔的不但有金银饰匠、珠宝匠、玻璃雕刻匠，还有瑞士一家公司的几名手工艺大师。库尼利（Cunill）公司是一家专门从事金银细工的公司，其历史可追溯到 1916 年，他们在这支笔的制造过程中完成了整道装饰工序并为笔身上釉。索莱尔·卡沃特（Soler Cabot）是一名加泰罗尼亚的珠宝匠，他为这款钢笔制造了笔帽夹，呈贝壳状的笔帽夹正好和世界闻名的玻璃雕刻大师路易·本托斯（Lluis Ventos）创造的贝壳型水晶墨水瓶遥相呼应。众多艺术大家的心血使得这款现代主义钢笔举世无双。

埃米尔·弗里昂（Émile Friand）所绘制的路易-弗朗索瓦·卡地亚，肖像中的卡地亚正值29岁

异国情趣风潮

从路易-弗朗索瓦·卡地亚（Louis-François Cartier）接手其师傅阿道夫·皮卡尔（Adolphe Picard）的珠宝店，到后来弗朗索瓦之子路易-弗朗索瓦·艾尔弗雷德（Louis-François Alfred）接管作坊，再到弗朗索瓦的三个孙子秉承传统，将公司事业发扬光大，几代人的不懈努力造就了卡地亚这一传奇的品牌。

直觉洞察、创新、好奇，这三点是三代卡地亚人一直秉承不弃的特质。他们一直在孜孜不倦地寻求世上最美的材料，顶级的手工艺家以及最为高超的手工技艺。卡地亚公司一直在革新，其珠宝艺术水准经历了翻天覆地的变革。

1860年起，卡地亚生产了他们品牌的第一批金质笔及玉制笔盒。1929年经济危机之后，工业开始大步发展，由此诞生了一个新的阶层：中产阶层。为了满足这一阶层的需求，卡地亚创办了S研究室，"S"代表"silver"（银），这代表着卡地亚迈向珠宝平民化的第一步。

1936年，日本风潮袭来，卡地亚也不甘落后，用竹子这一经典的东方形象作为自己产品的装饰。公司首先推出了该种风格的储水钢笔，而后又推出了同风格的自动铅笔。这款笔的笔身不但带有无尽的异国情调，同时也坚实耐用且符合人体工程学，一经上市，这种既简洁又精致的笔便被人们奉为时尚精品，特别是女士。就连著名的温莎公爵夫人和知名演员兼歌手玛莲娜·迪特里茜都对其青睐有加。1956年，公司重新推出了金制版竹节笔，此后在1970年又将其翻版一次。

1970年款的卡地亚黄金竹节笔

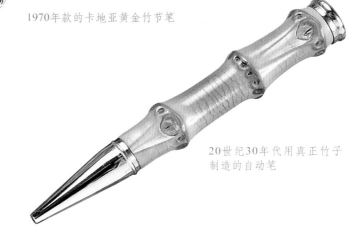

20世纪30年代用真正竹子制造的自动笔

18k金制钟表笔，笔帽由刻格状饰纹装饰，顶端有一个钟面

可以看时间的奢侈笔

咆哮的 20 世纪 20 年代，正好是第一次女性解放时期：在那时候，不仅有著名的小说家科莱特（Colette），还有直到如今都享有盛名的可可·香奈儿，在当时，她的时尚思想就广受瞩目。无数女性先锋们的才华让人们不得不肃然起敬，同时她们也为女性树立了新的形象。珍妮·杜桑女士就是这一解放运动中的代表，亲友昵称她为"猎豹女士"，她美丽优雅，骨子里带着一股神秘冷艳的气质，最值得一提的是，她有着无人匹敌的才华，这一切都深深地吸引着路易·卡地亚，很快，他们就确定了关系。1920 年，这位杰出的女设计师在查尔斯·雅科（Charles

位于巴黎和平街13号的卡地亚专卖店

Jacqueau）的帮助下，创办了 S 研究室：在这里，珠宝仍然有着它不变的永恒魅力，然而，在价格上却变得更加亲民。S 研究室所出品的商品更为大众化，极大程度上满足了顾客的需求：

晚会用手袋、女用小包、化妆用品、书写用具，应有尽有，还有不少两用产品，比如带日历的钢笔、带钟表的钢笔，甚至还有三用物品，比如暗藏着打火机的钟表钢笔。经过两代人的不懈努力，卡地亚在珠宝界成为不容置疑的领军人物。推出一款钟表钢笔对他们来说游刃有余，因为他们在钟表制造方面的技艺相当精湛。卡地亚先后推出了两款钟表笔：一款内藏打火机的钟表自动笔，还有一款带有银质钟表的钢笔。1981 年，卡地亚与卡地亚必需品公司合并，阿兰·多米尼克·佩兰（Alain Dominique Perrin）接手卡地亚及卡地亚国际。公司一直秉承传统，不断开拓，1999 年，推出了带有日历的钟表圆珠笔。为了纪念钟表笔制造这一技术，也为了庆祝卡地亚 150 周年，公司又推出了四款稀有的钟表笔，这四款笔仅通过预购出售。其中一款名为"150 周年"（150 ans）的纪念笔在全世界只发售了 15 支。这款笔造型独特，截面呈椭圆形，通体由 18k 黄金打造。笔帽由刻格状饰纹装饰，其顶端有一面钟，涂漆的笔身同样由金质刻格状花纹装饰。该款笔以其独特的美学价值以及稀有程度成为世上无与伦比的一款笔。

可旋出笔头的安全笔

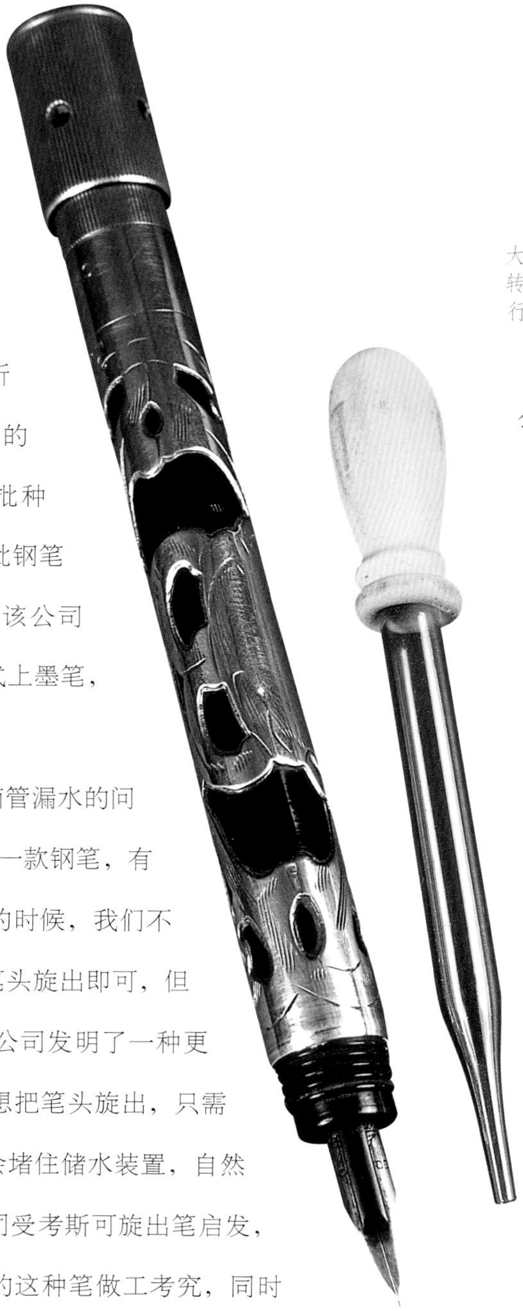

考斯制笔公司位于纽约，是美国历史最为悠久的笔类制造商之一。他们的品牌名称是一种鸟类，所以有的人也昵称他为"小鸟翅膀上的公司"。1885 年，公司推出了一大批种类繁多的墨水及管式笔尖钢笔，这批钢笔第一次被出口到了日本。1900 年，该公司出品了一款钢笔，这款钢笔为滴管式上墨笔，上墨滴管与笔身分开。

那个时代，几乎所有人都发愁滴管漏水的问题。摩尔（Moore）公司当时发明了一款钢笔，有效解决了钢笔漏水的问题。灌墨水的时候，我们不必把笔拧开，书写的时候，只要把笔头旋出即可，但是这种笔极易损坏。1905 年，考斯公司发明了一种更为精密的结构：螺旋机械结构。要想把笔头旋出，只需转动笔帽顶部，笔尖一旦旋出，便会堵住储水装置，自然就不会漏水了。两年后，威迪文公司受考斯可旋出笔启发，也制造了一款安全笔。威迪文制造的这种笔做工考究，同时

大约1905年出产的一款安全笔，书写前我们只要旋转笔帽顶端就可将笔头旋出，墨水的填充全由滴管进行，这种滴管是同时代的笔主要用到的上墨工具

公司又下大本钱大做广告，所以这种笔开始大量充斥市场。相反，考斯制笔公司却只针对地方顾客，而且没有意识到广告的重要性，于是，尽管他们的钢笔质量上乘，到了1915 年，公司还是被大品牌所挤垮，永远地消失了。

如今，这个品牌的钢笔相当稀缺，众多收藏者都在竭尽全力地去寻找。可以说，在钢笔历史的长河中，考斯安全笔的创造无疑是一件划时代的事件。

神奇的新月式上墨系统

第一支镀金的新月式上墨钢笔，笔身做工精细。我们可以看到笔身中段那著名的新月形部件，有了它，人们在给钢笔上墨的时候便可以脱离讨厌的滴管了

罗伊·康克林（Roy Conklin）是俄亥俄州托莱多的一名发明家，他于 1898 年在朋友的帮助下创办了康克林制笔厂。1901 年，他发明了一种新式的自动上墨系统：新月式上墨系统。

这种上墨系统的工作原理相当简单，一个突出的新月形金属部件依附在墨囊压柄上，当它被按下时，墨囊里面的空气便被挤走，而后吸入墨水。用康克林自己的话来说："现在再也不是墨水被灌到钢笔里，而是钢笔自动吸墨水……"

康克林成功地制造并在市场上推出了这款新月式上墨钢笔。1902 年，制笔厂更名为康克林制笔公司，由康克林及费希尔（Fisher）共同经营管理。1908 年，费希尔将康克林的股份买下。新月式上墨钢笔在全世界都获得了成功，使得公司销售业绩大好。1913 年，这一年是该款钢笔销量最好的一年，因而，康克林也成了当时顶尖的钢笔制造商之一。

然而，此后上市的犀飞利拉杆式上墨钢笔引来了无数购买者的追捧，这款笔貌不惊人，然而比起新月式上墨钢笔，前者没有那突出的新月形部件，这一点在美学价值上就超过了新月式上墨钢笔。其他的钢笔制造厂家都竞相生产拉杆式上墨钢笔，只有康克林继续坚持生产这种为他们带来好运的新月式上墨钢笔。1920 年，康克林公司的销量被派克、威迪文、犀飞利和威尔（Wahl）这四大巨头超越，康克林开始认识到必须要跟上时代的步伐。于是，该厂也开始推出新型产品，但是始终没有再给他们带来之前新月式上墨钢笔那么好的销量。

1913 年，威迪文得到了康克林专利的使用权，推出了硬币上墨（Coin Filler）钢笔。不过，新月式上墨钢笔无疑还是钢笔历史中值得圈点的一项伟大发明。

带有计词器的钢笔

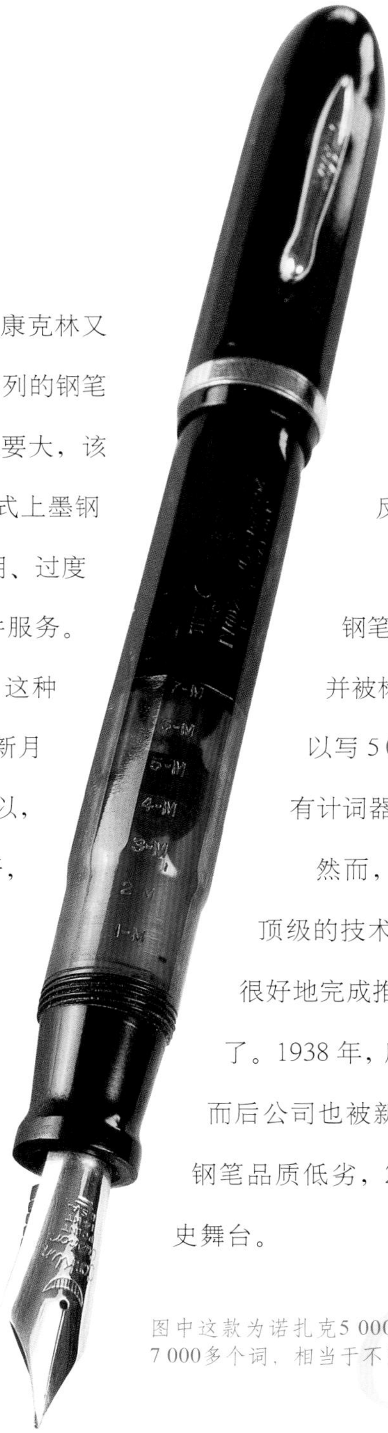

1923 年，也就是新月式上墨钢笔推出后不久，康克林又推出了杜拉格拉夫（Duragraph）系列钢笔，这一系列的钢笔分为两种大小，其中一种比派克的世纪系列大笔还要大，该款笔在当时获得了不小的成功。当时的康克林新月式上墨钢笔有着历史上最为全面的保修服务：不论是正常使用、过度使用还是事故造成的损坏，厂家都给予修理和换件服务。1924 年，公司推出了恩杜拉（Endura）系列钢笔，这种钢笔同样配有慷慨的保修服务，同时，该款钢笔集新月式上墨钢笔和拉杆式上墨钢笔的优点于一身，所以，一经推出便被人们竞相购买。不过，虽然销量很好，由于 1929 年的经济危机，康克林始终没有超越派克、威迪文以及犀飞利。

20 世纪 30 年代初，钢笔设计理念发生了很大转变：笔身变得更为圆润，轮廓更加鲜明。于是，1931 年，康克林推出了一款笔身由赛璐珞制成的流线型钢笔——诺扎克（Nozac）系列钢笔，"Nozac" 一名取自 "No Sac"，在英语里是 "无橡胶囊" 的意思。这款钢笔能装比其他任何一种同样大小的钢笔更多墨水。诺扎克系列钢笔采用活塞式上墨系统，灌墨的时候只需顺时针旋转笔身末端的一个旋钮，反向旋转旋钮则可以把墨水从笔中清干。

1932 年，该公司又推出了新一款诺扎克钢笔，并称其为 "计词器"：这款笔，笔身透明，并被标以刻度，按照计算，它所装载的墨水可以写 5 000 多个词。康克林公司声称："一支没有计词器的笔就像一辆没有计油器的汽车……"

然而，相当遗憾，虽然诺扎克系列拥有当时顶级的技术水准，但是，由于公司缺乏资金，不能很好地完成推广工作，于是，这项伟大的发明被埋没了。1938 年，康克林制笔公司被一个芝加哥财团收购，而后公司也被新东家搬到芝加哥，新厂生产的康克林钢笔品质低劣，20 世纪 40 年代末，康克林逐渐淡出历史舞台。

图中这款为诺扎克 5 000 计词器钢笔，更大的一款诺扎克笔可以书写7 000 多个词，相当于不间断书写 9 小时

可以实现复写功能的钢笔

尖头钢笔，由阿朗佐·汤森·高仕于19世纪70年代发明

　　A.T.高仕（A.T.Cross）是美国最古老的书写用具制造公司，大约于1846年成立于罗得岛州的普罗维登斯。那个时候，身为珠宝匠的理查德·高仕（Richard Cross）从英国伯明翰举家迁移到美国，在那里打造金银制铅笔盒，1847年起，他们扩大了生产领域，开始出品金银制书写笔。三年之后，理查德·高仕在马萨诸塞州的阿特尔伯勒创办了一家在当时来说规模不小，拥有12名雇员的公司。然而，在1857年的大规模金融恐慌后，他把工场迁到了罗得岛州普罗维登斯附近的博拉布罗。美国南北战争之后，公司规模扩大了两倍。1871年的时候，年轻的阿朗佐·汤森·高仕（Alonzo Townsend Cross）便追随父亲经营制笔事业，并与父亲合伙建立公司。19世纪70年代，A.T.高仕主要有两项重大成就：将蒸汽机应用在书写工具生产上；发明尖头钢笔。

　　尖头钢笔，这种笔是第一种可以实现复写功能的笔。这种笔和传统的钢笔不同，是通过一根坚实的管针将墨水引到纸上，于是，使用者们便可以用力书写，利用复写纸将书写的文字进行复制。之前，想要复写一份副本，必须使用铅笔进行书写，因为钢笔的笔尖太软且容易变形，难以承受复写时的必要压力。尖头钢笔的发明可谓举足轻重，以至于美国邮局都宣布必须使用该款钢笔。

阿朗佐·汤森·高仕坐在自己创造的蒸汽驱动汽车上，此车是第一批蒸汽汽车之一，旁边为其孙子

德拉鲁的帝国

德拉鲁钢笔厂于1905年创造了知名品牌奥诺多钢笔，图中为1912年该品牌钢笔的宣传广告

1813 年，托马斯·德拉鲁（Thomas de la Rue）在根西齐岛创立了自己的品牌，并命名为"德拉鲁"。1816 年，他来到英国，并在家人的支持下开创了自己的事业，专门研究彩色印刷。当时托马斯·德拉鲁发明了一种印刷系统来制造扑克牌，也正是因此，他获得了"英国扑克牌之父"的美誉。1853 年，该公司得到财政部的授权，开始独家承担英国邮票印刷的工作，此后又接手钞票的印刷工作。除此之外，公司还出售信纸以及书写用具。

1881 年，公司归德拉鲁之子托马斯·安德罗斯（Thomas Andros）掌管，他根据 T.R. 希尔森（T.R.Hearson）的专利出品了该品牌的第一支钢笔，不过这款钢笔的结构比较粗陋，质量也不太可靠。

1884 年起，公司在此后

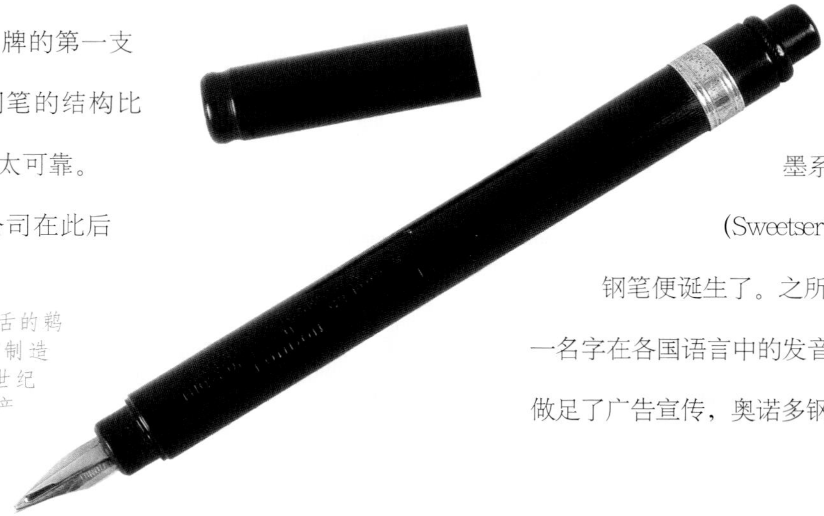

这款带有两个金属笔舌的鹈鹕笔是德拉鲁钢笔厂制造的第一支钢笔，20世纪50年代左右才停止生产

的十几年中一直致力于钢笔生产，采用的仍然是希尔森所发明的一种快捷储水器，人们可以利用活门控制墨水的流出，另外，这种快捷储水器可以搭配任意的普通笔尖。

直到 1895 年，公司才正式推出独立设计的一款钢笔：鹈鹕笔（Pelican）。需要注意的是，这里的"Pelican"和德国品牌百利金（Pelikan）没有任何关系。这支笔为黑色硬质橡胶制成，配有金制笔尖。和之前带有快捷储水器的钢笔一样，这种笔的墨水流出量也可以调节，并可以安全地随身携带。

1899 年，公司出品了一款名为"裁判"（Umpire）的钢笔。1905 年，托马斯·安德罗斯之子伊夫林·德拉鲁（Evelyn de la Rue）决定投资并推广一种自动上墨系统的钢笔，其专利是向一名叫斯威策（Sweetser)的发明家买到的，于是奥诺多(Onoto)钢笔便诞生了。之所以起这个名字，是因为创造者觉得这一名字在各国语言中的发音都简单易记。推出钢笔之后，公司又做足了广告宣传，奥诺多钢笔因而获得了相当大的市场和成功。

纪念罗马斗兽场

著名的斗兽场系列钢笔及美丽生活——女用款斗兽场系列钢笔

1982 年，一家全新的书写用品公司——德塔（Delta）——在那不勒斯建成。公司由三位合伙人共同组建：尼诺·马里莫（Nino Marimo）、奇罗·马特罗内（Ciro Matrone）和马里奥·穆申特（Mario Muscente）。"Delta"一词是希腊语的第四个字母，其大写是一个三角形。公司创建伊始，制造的钢笔都选用上乘的材料，而制造工艺也都选用经验丰富的手工艺人进行。20 世纪 20 年代至 30 年代，公司制造的经典款古典笔全部采用稀有材料，当然其中也有些部分使用一些比较常见的材料，如赛璐珞和硬质橡胶。和众多同时期的钢笔制造商一

斗兽场系列钢笔的宣传广告，背景为著名的罗马斗兽场

样，德塔制笔公司重新引入了拉杆式上墨系统，笔身侧面的拉杆相当快捷有效，有了它，上墨的时候，我们完全无需拧开笔身。这款斗兽场系列钢笔是德塔的限量版钢笔。

1996 年出品的这款斗兽场（Colosseum）钢笔是为了纪念世界上最为宏伟的建筑罗马斗兽场的，它于公元 70 年代建成，位于罗马。斗兽场系列白金笔的笔帽夹为纯白金制造，底部有一小滚轮，夹身上手工刻有罗马著名的常春藤树叶。笔帽用黑色树脂手工打造，笔身为带有大理石花纹的橘红色树脂。这款白金笔只发行了 70 支，银制款发行了 1 926 支。2000 年，德塔又出品了一款体积较小的斗兽场系列钢笔，主要供女士使用，名为：美丽生活（Dolce Vita）。

艾尔弗雷德·登喜路，登喜路品牌的缔造者

名符其实的多用钢笔

鱼雷系列圆珠笔，内置雪茄切头器

20世纪20年代，在书写用具市场上，著名品牌登喜路并不满足于只制造登喜路－并木漆器工艺钢笔。1893年起，艾尔弗雷德·登喜路便开始在英国制造并营销汽车奢侈用具，直到爱德华十三世当政期间，其生意才开始红火昌盛起来。艾尔弗雷德将公司选址在时尚区，打算将其产品扩展并定位于男性奢侈品方向。一直以来，公司不断进步，努力经营，不论是产品质量还是产品创新都做得尽善尽美，这使他们一直声名显赫，登喜路出品的旅行用品、皮具用品、香烟以及精品打火机都在世界上享有盛名。

众所周知，艾尔弗雷德·登喜路是便携式打火机的发明者，但是很少有人知道，其实他在制笔领域也硕果累累，他曾发明了一种内置日历的笔（Drop-Action-Pencil）。1936年，他又创造了一支银质钢笔，这支笔的笔帽是一个可收起的香烟嘴。1998年，公司将这支笔再次投入生产，命名为鱼雷（Torpedo）系列。

这支笔笔身华贵流畅，乍一看有点儿像男孩子玩的玩具，却又集美观与实

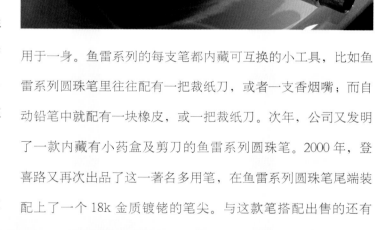

用于一身。鱼雷系列的每支笔都内藏可互换的小工具，比如鱼雷系列圆珠笔里往往配有一把裁纸刀，或者一支香烟嘴；而自动铅笔中就配有一块橡皮，或一把裁纸刀。次年，公司又发明了一款内藏有小药盒及剪刀的鱼雷系列圆珠笔。2000年，登喜路又再次出品了这一著名多用笔，在鱼雷系列圆珠笔尾端装配上了一个18k金质镀铑的笔尖。与这款笔搭配出售的还有一只硬质橡胶制的墨水瓶，可以说，这是世界上第一支完美结合了圆珠笔与钢笔的笔。

艾尔弗雷德·登喜路最早的专卖店位于1924年的巴黎和平大街15号

1890年：第一支卡式墨芯

亨利·贝罗尔兹海默（Henry Berolzheimer），祖籍巴伐利亚，于1860年在纽约建立了鹰牌铅笔公司，主要制造铅笔、笔杆以及橡皮。贝罗尔兹海默家族在阿拉巴马、佛罗里达及田纳西都有木料加工厂为其提供生产铅笔的原材料，在俄罗斯、法国、挪威、奥地利和古巴都有自己的代表处，1894年，又在伦敦建立了自己的铅笔制造厂。

1887年，公司制造了鹰牌的第一批钢笔，并为自己钢笔的玻璃笔芯申请了专利，这在当时可谓具有划时代的意义。这种带玻璃笔芯的钢笔笔身为铝制或喷漆铜制，线条流畅，金制笔尖，其内部玻璃笔芯为可换式笔芯，不过，由于没有1884年刘易斯·艾臣·威迪文（Lewis Edson Waterman）申请专利的毛细凹槽结构，这种笔在书写时墨水的流出量不太稳定。

多年之后，也就是1936年，杰夫-威迪文（Jif-Waterman）公司将

著名的黑色喷漆款鹰牌1456号（n° 1456）钢笔及其革命性的卡式墨芯

这种笔加以改良。此后，1953年，威迪文发明并出品了著名的CF墨芯钢笔，轰动了钢笔界。

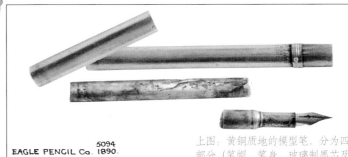

上图：黄铜质地的模型笔，分为四部分（笔帽、笔身、玻璃制墨芯及笔尖部分）
左图：钢笔上墨结构图

带有动画的笔

历史上第一支动态漂浮笔
为1946年埃索（Esso）品
牌所设计的

1946年，丹麦人彼泽·埃斯克森发明了一种动态漂浮笔。他所发明的这款笔笔身透明，内部有油质液体，只需把想放进去的图案植入即可。这种笔还有另外一款，笔身上半部分是透明的，图案被贴在一片透明薄膜上，而后再被装进笔身上半部分的透明笔腔内。

半个世纪以来，这一有趣的设计被应用到了广告宣传领域，并在全球都获得了不小的成功。生产这种圆珠笔的工厂在丹麦，品牌名称则以其发明者的名字命名——埃斯克森。世界上不少国家的经销商都喜欢订购这种笔，订购之前，顾客会与厂家协商所放入的图案，而后再由工厂进行制造。当时工厂大约有110名工人，每款图案的笔有500到100 000支不等。

这种笔中所植入的题材颇多：军队、政坛、慈善机构、旅游住宿、商品促销或者服务及行政事务，等等。甚至有一些人也请求厂家为其订制一些笔以纪念个人事件，比如婚礼。设计师的想象力总是无边无际，永不匮乏的，在纪念品商店里，我们可以看到一支精美的笔为我们再现了披头士乐队的《黄色潜水艇》；或者钢琴师正投入地演奏着乐曲；或者正义使者蝙蝠侠正在拯救需要帮助的人；甚至是耶稣最后的晚餐时那刻画得细致入微的场景。

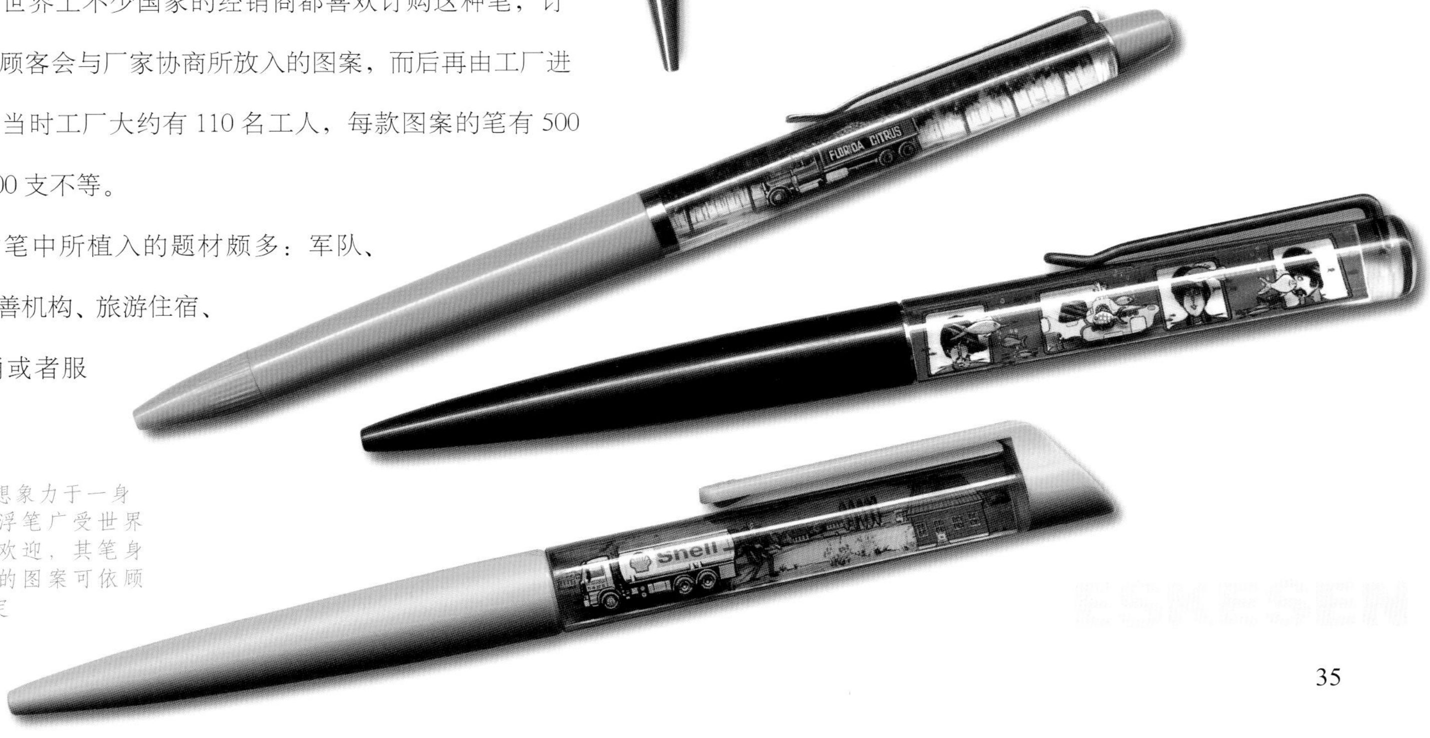

集趣味及想象力于一身
的动态漂浮笔广受世界
各国顾客欢迎，其笔身
内部漂浮的图案可依顾
客要求而定

精致的花纹与釉质

王冕之光钢笔共出品了１０
支。可以说，这款笔最难实
的就是那奢华流动的金黄色

彼得·卡尔·法贝热（Peter Carl Fabergé），1846 年生于圣彼得堡，是一位传奇的珠宝首饰匠人，曾留学德、意、法、英等国，而后子承父业，经营珠宝及金银制品店。法贝热是一名杰出的设计师，其艺术作品奢华独特，特别是他精心打造的专供皇家的俄罗斯彩蛋，做工精细，在当时，对某些珠宝匠来说，做成这么一个彩蛋，往往需要两年的时间。起初，法贝热所打造的彩蛋其实就是传统的复活节彩蛋，而后沙皇亚历山大三世为了慰藉从丹麦迎娶的皇后，特地向法贝热订制了一枚彩蛋，并将其送给皇后。

当然，法贝热所经营的手工坊还创造了相当多的奢华尤物，这些精美的奢侈品都举世无双，但又有一个共同的特点，就是每件珍品外表都有一层相当细腻的珐琅，就如同透亮的玻璃一般。法贝热可谓是使用这项上釉工艺的大师，细致光滑的釉质覆盖着精细的花纹及图案，让人赞不绝口。1997 年，文艺复兴制笔公司为了再现这一精致工艺，专门开设了一条法贝热生产线，生产一款名为"王冕之光"（Jaune du couronnement）的钢笔。这款钢笔的笔身及笔帽为银质，在德国打造，而后再被运往美国，在那里轧上花纹，等部件再回到德国的时候，就已经都被上好釉了。这时的笔身和笔帽还都是半成品，需要经过多次抛光处理才能变得剔透且深邃。笔尖为 18k 金，在德国打造，笔尖处刻有象征王室的双头鹰图案。笔身内部的硬质橡胶笔管来自法国。可以说，制造这支笔的每一道工序都必须精益求精，这样钢笔的每一个零件才能互相吻合。笔帽上的笔夹为银制，笔帽顶端装饰是一顶冠冕，这一装饰灵感来源于当年著名的俄罗斯彩蛋。

约尔格·希塞克曾说:"绘画与雕塑,颜色与结构,这些就是一件书写工具的最佳配料"

笔夹与笔身分离的笔

笔身线条的顺滑流畅和皮制笔套的粗糙手感形成了鲜明对比

这支笔为碳纤维圆珠笔,其表面的碳纤维为纯手工编织

约尔格·希塞克于 1953 年生于东柏林,七岁时随父母作为政治难民迁移到瑞士的日内瓦。他在劳力士的设计部门工作了四年,随后创立了自己的公司——希塞克设计公司(Hysek Styling)。1984 年,他为江诗丹顿设计的一款护腕式腕表获得日内瓦钟表大奖。

约尔格·希塞克是位在世界上享有盛名的钟表设计师,他的设计风格极具现代理念,并匹配有精湛的工艺技术。1996 年,他设立了一条先锋派的书写工具生产线,并以自己的名字命名。这条生产线上生产的笔造型独特,材质及做工也都是出奇制胜。同年所推出的元设计(Meta Design)系列就是最好的例证。这款笔笔身呈顺滑的流线型,外层为抗氧化镀银涂层或

黑漆金属涂层,上面有细细的雕刻条纹。流线型的笔身握在手中相当舒适,整支笔是那样顺滑,没有一点点令人不快的突起,甚至连笔夹也是如此。约尔格·希塞克的创新设计理念正在于此,保留传统的笔夹,但是把它和笔身分开。这款笔每支都有一个手工缝制的皮制笔套,而在笔套上有一个略带弧度的笔夹。在法兰克福博览会上,约尔格·希塞克设计的碳纤维圆珠笔被《钢笔世界》杂志的读者评选为最佳设计奖。2001 年以来,他所设计制造的笔均为涂漆金属质地,颜色各异,并配有相应的笔套。

收集起无数历史尘埃的钢笔

柯龙公司由罗伯特·柯龙恩贝格尔（Robert Kronenberger）于 1997 年建立。一直以来，罗伯特都想制造一种具有历史纪念价值的笔，在德语中"Krone"就是"冠冕"的意思，公司创建者这样命名自己的公司，也代表了他一直以来的追求。罗伯特在他年轻的时候就收集了许多名人签名以及书法作品，而他此后对钢笔制造产生的浓厚兴趣也正是源于这些收集的珍贵的手稿。他的第一件钢笔作品是为了纪念一位美国历史上的伟人——亚伯拉罕·林肯总统——而制造的，他曾领导美国人民维护了国家统一，废除了奴隶制。

这款笔的笔身由硬质橡胶制成，笔夹及笔帽上的小环为银制并且刻有林肯总统的签名。笔夹顶端有一椭圆形奖章，上面雕刻着这位伟人的头像。但是这些都不足为奇，这款笔最重要的部分就在笔帽顶端，那里有一块剔透的紫水晶，而在紫水晶里面，就隐藏着这款笔的秘密。事实上，这块小小的宝石下封存着含总统 DNA 的粉末。1865 年，林肯总统遇害当天晚上，查尔斯·萨宾·塔夫脱（Charles Sabin Taft）医生从林肯左

图中这款钢笔封藏着含有亚伯拉罕·林肯总统的 DNA 的粉末

耳后剪下了一缕头发，以便检查那致命的伤口。

这缕头发被交还给林肯夫人之后，辗转无数，几经人手，或被赠送，或被出售。1993年，一名世界著名的大收藏家列兹尼科夫（Reznikoff）得到了这缕珍贵的头发。之后，通过由凯·B. 穆利斯（Kay B. Mullis）博士于1983年发明的聚合酶链式反应技术（PCR：polymerase chain reaction），总统的DNA被分成了几百万份样本，于是，我们才能见到今天这款封藏着这位时代伟人的DNA的钢笔。

亚伯拉罕·林肯银制纪念笔为限量版钢笔，仅制造了1 008支

这本仅有五十来页的小册子，记载了亚伯拉罕·林肯总统一生的丰功伟绩，以及这支纪念钢笔的创制始末

永恒不朽的设计

约瑟夫·凌美（Joseph Lamy）曾在美国派克制笔公司担任派克笔销售代表，回到欧洲以后，他继续在德国制笔业中心海德堡负责德国地区派克笔的销售。20世纪30年代初，凭借多年的钢笔销售经验，约瑟夫·凌美在海德堡建立了自己的钢笔制造厂——奥尔托斯钢笔制造厂，并开始生产奥尔托斯（Orthos）品牌的书写工具。1933年，公司发明了一种构造巧妙的笔——孔博（Combo），并申请了专利，这支笔一头是钢笔笔尖，而另一头为自动铅笔笔尖。由于在市场管理和营销方面天资过人，约瑟夫·凌美的事业蒸蒸日上。

第二次世界大战之后，他收购了阿图斯（Artus）公司，并开始生产同名品牌的钢笔，这些笔的笔身均为喷注模塑制造。1952年起，约瑟夫以凌美为品牌，生产了一系列广受好评的钢笔，如凌美27系列（Lamy 27），这种笔是带有保护尖的流线型钢笔。20世纪60年代末，约瑟夫的儿子曼弗雷德·凌美（Manfred Lamy）加入公司，并开始对公司的经营方针进行全面改革，之后又邀请著名工业设计师格尔德·艾尔弗雷德·米

勒（Gerd Alfred Müller）加入公司，这一举措对公司之后20年的发展影响深远。

曼弗雷德·凌美希望制造一支具有划时代意义的钢笔，于是邀请包豪斯派的工业设计师格尔德·艾尔弗雷德·米勒加入团队。1966年，设计师不负众望，创造出一款前所未有的划时代发明——凌美2000系列。这款笔线条洗练流畅，集实用与美学价值于一身，笔身为黑色，其设计极为符合人体工程学，笔帽上的笔夹为弹簧实心不锈钢夹。这一系列的产品包括钢笔、圆珠笔以及自动铅笔，可以说，凌美2000系列的独特魅力使它流传永久，直至今日，它还是高高地站在备受推崇的皇者宝座上。

凌美2000系列创造于1966年，包括钢笔、圆珠笔及自动铅笔

无法模仿的独特个性

成功推出凌美 2000 系列之后，凌美公司继续坚持开发集时尚性与功效性于一身的新产品。为了推出更好的笔，凌美公司从外界聘请了很多声名显赫的设计师。除了设计凌美 2000 系列的格尔德·艾尔弗雷德·米勒，还有意大利的设计师马里奥·贝利尼 (Mario Bellini)、沃尔夫冈·法比安 (Wolfgang Fabian) 和杨 (Yang)。正是凭借这些优秀设计师的出众才华，公司在产品设计上屡获大奖。

1990 年，公司推出了由设计师马里奥·贝利尼设计的个性 (Persona) 系列钢笔。这款笔本想用钛钢打造，众所周知，钛钢是一种很坚硬的金属，很难随心所欲地对其进行加工，于是设计师便考虑用光滑的黑色黄铜及镀铂金属制造这款笔。这款笔的圆柱形笔身上带有一道道纵向条纹，与笔头连接的握笔处带有横向条纹，与笔身形成鲜明对比，也使得人们可以方便地握笔及书写。钢笔的笔帽也是圆柱形，笔夹在笔帽上呈嵌入式，只要用拇指轻轻一压，便可将其抬起使用。这些实用的小细节不但巧妙而且相当符合人体工程学，堪称精品。

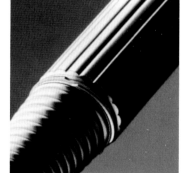

笔身上纵向的条纹由金刚石刻出，与握笔处的横向条纹形成鲜明对比

凌美个性系列钢笔由著名设计师马里奥·贝利尼设计

陶瓷美人

罗森塔尔公司与凌美公司共同开发了一种抗撞击的特殊陶瓷。凌美淑女笔的笔身装饰完全由纯手工完成

1994 年，凌美推出了一款女士用笔，名为凌美淑女（Lamy Lady）笔，这也是该公司推出的第一支陶瓷制笔。为了设计出这支笔，公司特地邀请了德国著名设计师沃尔夫冈·法比安，这位设计师才华出众，之前就已经创造了多款陶瓷制笔，并屡获成功。经过三年的不懈努力，凌美公司与罗森塔尔公司终于联合开发出一种耐撞击的特殊陶瓷。笔身的装饰由当时公司邀请的印尼著名艺术家杨进行纯手工打造。

沃尔夫冈·法比安所设计的这款笔为现代风格。笔身呈圆柱形，两端圆润平滑。这款凌美淑女笔与其他笔不同，没有传统的笔夹结构，笔帽和笔管上各有两粒突出的圆珠，以防止笔在桌上滚动。此笔的笔尖质地较软，为 14k 金制，钢笔的金属部分为磨砂镀金。笔身的陶瓷部分触感细腻滑润，让人们在书写的时候倍感舒适，并享受到无限乐趣。该款笔可以说既美观简洁又实用方便，长期以来都是众多钢笔爱好者们竞相收藏的一款现代风格钢笔。

两款不同装饰的凌美淑女笔，巧妙地将艺术的纯粹与现代设计理念结合起来

该笔笔尖圆滑，质地较软，由14k金打造而成，笔帽为旋拧式

简洁至上

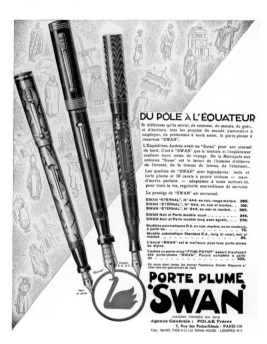

1931年的宣传广告。梅比·托德所生产的笔被冠以"天鹅"一名

1843 年，梅比（Mabie）和托德（Todd）二人已经开始在美国纽约进行笔类制造。此后不久，他们与巴德（Bard）兄弟联手，一起生产钢笔的金制笔尖，之后又在 W.W. 斯图尔特（W.W.Stewart）的帮助下开始生产钢笔。1878 年，他们申请了钢笔设计及生产的第一份专利。

1884 年左右，梅比·托德在英国开设了办事处，并在那里出售第一批滴管式上墨钢笔——天鹅（Swan）系列。这些笔是由设在美国纽约的工厂运送到英国的，制造工艺始终遵循斯图尔特申请的专利。几个人的不懈努力为他们带来了累累硕果，1909 年起，梅比·托德生产的钢笔不仅在英国出售，还遍及了整个欧洲。那时候，人们一提起"天鹅"便自然而然地想到他们的钢笔。

天鹅系列钢笔的笔身为黑色硬质橡胶，其中某些款的笔身装饰以精加工的金银饰、阿拉伯式花饰、

植物藤蔓图案或者花卉图案。1910年，受到立体主义艺术理念及装饰风艺术的影响，笔身装饰开始化繁为简。

天鹅系列直帽（Swan Straight Cap）钢笔笔身呈圆柱形，是梅比·托德的典型代表作，线条流畅，简洁大方，此后不少其他品牌都竞相模仿这种风格。

此款笔为18k金制，使用滴管式上墨系统，制造于1900至1918年之间

战火中的钢笔

1909年法国所做的梅比·托德钢笔广告。当时他们的笔遍及整个欧洲市场

1914 年至 1918 年间，第一次世界大战爆发，那时候，钢笔成了战场上士兵们不可或缺的东西，可以说钢笔就是他们和亲人联系的唯一纽带。但是，有一个难题需要解决：如何在战场上作战的时候不用带着一瓶墨水呢？于是摩尔、派克、钻石（Diamond）以及梅比·托德都创造了一种"战壕笔"（Trench Pen）。这种笔的笔腔的一端里有个小墨球，只要向里面注入清水就会产生墨水，这样一来就免去上战场的时候还带着一瓶易碎易洒的墨水的麻烦，只要把墨球溶化，便可以轻松进行书写了。

第一次世界大战以前，面对越来越激烈的竞争，梅比·托德美国公司（Mabie Todd USA）逐渐失去了以往大刀阔斧的劲头，不久，美国部便渐渐销声匿迹，并把其股份让给了梅比·托德英国公司（Mabie Todd UK）。20 世纪 20 年代，梅比·托德在英国出品了一批彩色钢笔。到 20 世纪 30 年代，公司的事业发展到了顶峰。1932 年，他们推出了一款没有拉杆装置的钢笔；1936 年，又成功推出一款名为维索菲尔（Visofil）的钢笔；这款钢笔可以清晰地观察到墨水的使用状况。第二次世界大战初期，梅比·托德开始灾祸不断：其位于伦敦北部的公司以及主要加工车间都在一次轰炸中被夷为平地，被抢运出来的机器都被转移到了新的厂址，然而，战时的情况大大限制了钢笔生产。战后，公司才一点点恢复生产，但是 1950 年前后，公司又遇到了新的问题。那时候圆珠笔大量充斥市场，于是梅比·托德不得不将股份的一大部分转让给了比罗笔厂。1952 年，比罗将梅比·托德吞并，更名为比罗天鹅有限责任公司；1957 年公司被比克收购，梅比·托德时代终结。

1917年制造的战壕笔军人2号（Military n°2）。这款笔为梅比·托德带来了巨大成功，有了它，军人们在战场上就不用费事地带着墨水瓶了

万宝龙公司的三位创始人

经典的红黑结合

万宝龙，创立于德国汉堡，1944年的一次轰炸中，公司所有的存档文件均被毁之一旦。所以，现今我们很难找到关于公司早期情况的历史资料，只有一些公司之前的生产名录及专利证明能给我们提供一些信息。1906年，汉堡的一名文具商在一位柏林银行家和一位工程师的帮助下，开始了他们的钢笔制造生意。一年后，三个伙伴又找到了一个新的股东——C.J.沃斯（C.J.Voss）进行合作，几个人在汉堡成立了辛普乐制笔公司。很快，公司遇到了一些棘手的问题，而后，公司被C.J.沃斯及其他两位股东——C.W.劳森（C.W.Lausen）和W.茨安博（W.Dziambor）接手，历史上，这三人被认为是万宝龙品牌的真正创始人。

公司推出的第一款钢笔名为"红与黑"（Rouge et Noir），其灵感来自法国著名作家的同名小说。公司之所以为这支笔起一个法国名字作为噱头，是因为当时法国风潮盛行。这款笔是安全笔，笔身用黑色硬质橡胶制成，笔帽顶端为大红色，笔尖为金制。推出不久后便受到购买者的一致好评，不过

大多数人认为这款笔的名字太过复杂，于是"红与黑"这一名字被改为了"小红帽"。此后，为了避免钢笔显得太过花哨，三人又将笔帽顶部的红色换成了白色，但是这样的话，就需要再给笔起一个新的名字。关于给新笔起名，还流传着这么一个故事，当时大家正在打牌，一位客人看到了这款笔以后惊奇地说："你们干吗不管它叫'勃朗峰'（Montblanc）呢？看啊，这笔身是黑的，笔帽尖端是白的，多像那白雪皑皑的勃朗峰呢！"于是，这一名字便就此诞生。

1913年，创造者又将这一标志改为了白色六芒星，其六个角代表了勃朗峰的六个山谷，而这一形象也成为公司的正式商标。1914年，这一标志开始出现于所有公司生产的钢笔的笔帽顶端。可以说，"红与黑"这款钢笔开创了万宝龙品牌的历史。

1910年出品的"红与黑"钢笔，笔身用黑色硬质橡胶制成

不朽的神话

20世纪初公司在汉堡的办公楼

大班系列149号钢笔的独特设计

20 世纪 20 年代至 30 年代之间，德国的钢笔制造界竞争相当激烈，和万宝龙一样，诸多生产厂家都竞相推出高品质的书写工具。身处竞争大潮中的万宝龙公司萌生了一个想法，即制造一种高性能的钢笔，并对其终身保修。1924 年，著名的大班（Meisterstück）系列钢笔问世，"meisterstück"在德语中是"杰作"的意思，因为可以说，这款笔凝结了众多艺术大师的毕生心血。

第一款大班系列收藏笔是一支黑色硬质橡胶杆钢笔，笔头为金制，共有三种型号：25、35 和 45，这三个编号实际上代表了其价格，25 号即 25 马克，以此类推。1928 年开始，赛璐珞这种材料被引进到了制笔工业中，于是钢笔开始有了缤纷的颜色。1930 年，万宝龙品牌的每支笔的金笔尖上均手工刻有"4810"字样，

这既是勃朗峰的海拔高度的数学，也寓意着万宝龙的每一支笔都有着最好的质量。1934 年，设计师们对大班系列钢笔的设计进行了改造。在当时，能够拥有一支大班系列钢笔简直就是权势的象征。

这款笔的上墨系统曾使用过摩尔发明的滴管式上墨系统，也使用过犀飞利研制的拉杆式上墨系统以及其他一些上墨方法，直到 1938 年，公司开始大批使用可伸缩活塞上墨系统。二战期间，公司制造的钢笔主要用于出口，之后，在一次轰炸中，工厂以及保存的资料都受到极大破坏。由于当时生产钢笔的原材料匮乏，公司只得惨淡经营。1946 年，利用战争赔款，公司在汉堡重建新厂。

笔尖展示台

大班系列149号钢笔细节

20世纪40年代大班系列140号钢笔的宣传广告

1948 年，公司推出了新款大班系列钢笔，这一系列包括著名的 142 号、144 号及 146 号，但是最为出众的还是 149 号钢笔。可以说，这支笔就是一个不朽的神话，极品中的极品。1959 年，大班系列的其他型号全部停产，同年，热塑性树脂取代了赛璐珞，公司也改进了笔身制造方法。如今，万宝龙大班系列 149 号钢笔已经成为不可超越的时代典藏。

1992 年，万宝龙公司出品的一支大班系列钢笔成为世界上最昂贵的钢笔，这支笔全身镶嵌了 4 810 颗宝石，被载入了《吉尼斯世界纪录》。1999 年，在公司周年庆典上，万宝龙又推出了限量版大班系列钢笔，时至今日，149 号钢笔已经成为一种真正的文化。

1912年的宣传广告

1992年，公司推出的第一款纪念著名艺术赞助者
的限量款钢笔：洛伦佐·德·美第奇限量版钢笔

无与伦比的钢笔

1992年，万宝龙推出了一系列的限量发行产品以纪念大文豪及艺术赞助人。这些限量版产品中，纪念艺术赞助人的均为钢笔，并且，在全世界范围内限量发行4 810支。"4810"这一标志性的数字代表著名山峰勃朗峰的海拔高度，一直以来都被刻在每支笔的金制笔尖上。

1992年，正值洛伦佐·德·美第奇（Lorenzo di Medici）逝世500周年，于是，万宝龙便推出了以这位伟人名字命名的一款钢笔。洛伦佐·德·美第奇是意大利文艺复兴时期的代表人物，也是当时各大艺术家及文学家的密友。这位富有传奇色彩的艺术赞助人一生都崇尚奢华，同时自己出钱资助了许多当时的艺术大家，比如：米开朗琪罗、波提切利、韦罗基奥，等等。

洛伦佐·德·美第奇限量版钢笔是20世纪20年代一款笔的再版，这支笔的创新之处就在于其横截面为正八角形，笔身的每一面均为银制，并由人细致地以手工雕刻上阿拉伯式花饰。笔尖为金制，沿用20世纪20年代万宝龙出品的钢笔的心形笔尖。1992年以后，

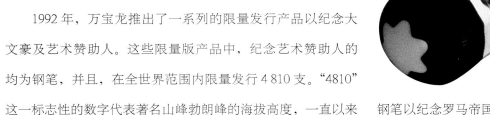

每年公司都会推出一款新笔：1993年，推出了一款名为"屋大维"（Octavian）的钢笔以纪念罗马帝国的开国君主，这支笔的笔身被包裹在银制的掐丝华饰中，其灵感来源就是20世纪20年代的一款蜘蛛网状掐丝工艺的钢笔；1994年，公司又推出了著名的路易十四钢笔；1995年，摄政王（Prince régent）系列出品；1996年，推出塞米拉米斯（Semiramis）系列；1997年，万宝龙推出了两支相当重要的笔以纪念18世纪两位伟大的艺术赞助人：叶卡捷琳娜二世及彼得大帝；1998年，公司又推出了亚历山大大帝系列；1999年，推出腓特烈二世系列；2000年，又推出查理曼大帝系列。

洛伦佐·德·美第奇限量版钢笔的诞生，可以说为此后这些奢华钢笔系列的推出奠定了基础，但是如今，这款珍贵的钢笔已经找不到了。

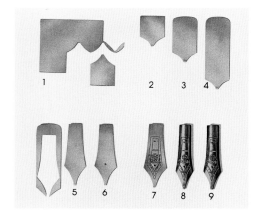

奢华无限的大班系列钢笔笔尖为纯金手工打造，制作一只笔尖需要150道工序

MONT
BLANC

世界上第一支骨架镂空笔

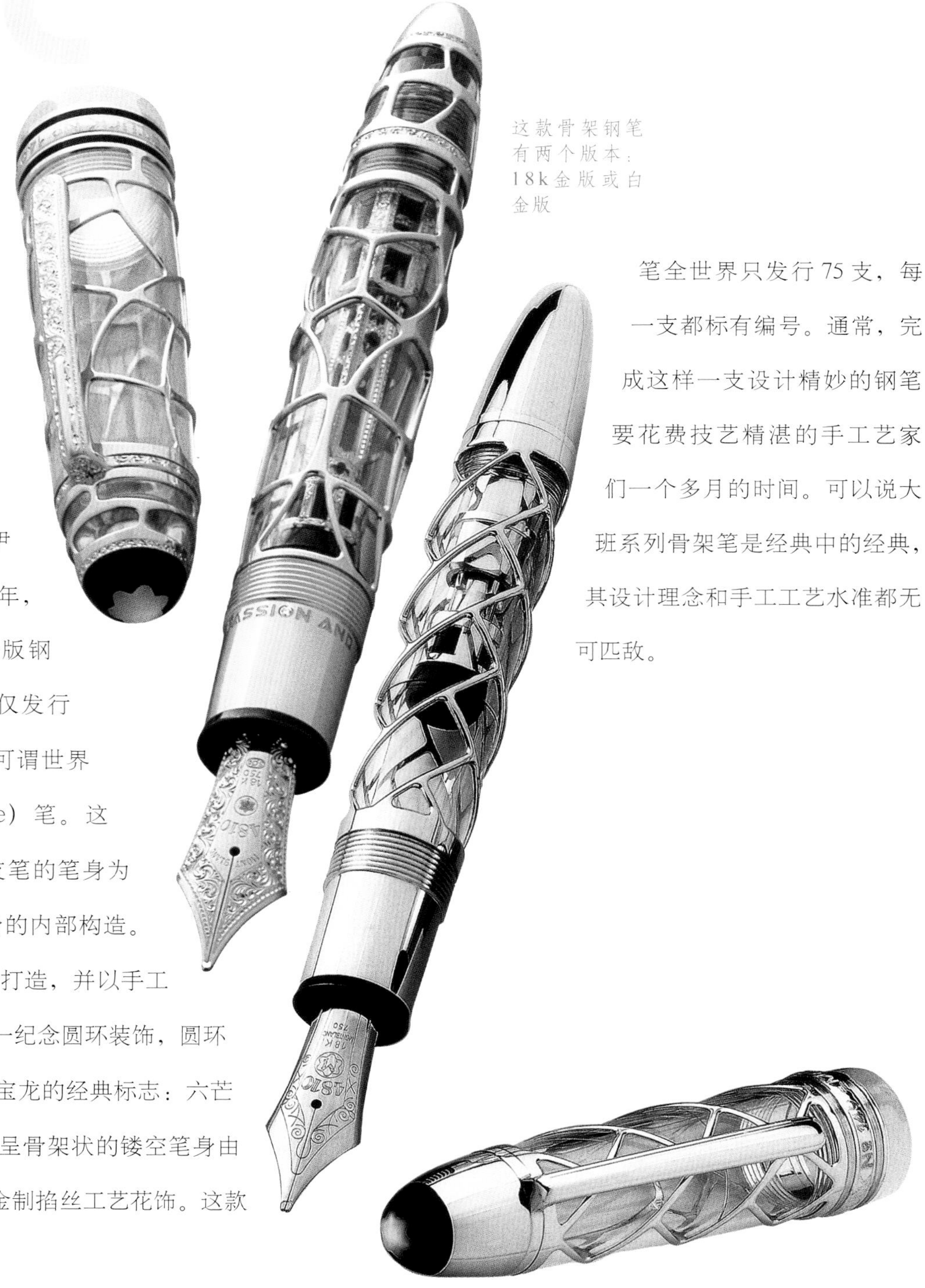

这款骨架钢笔有两个版本：18k金版或白金版

1934年，经典的大班系列钢笔锁定了其设计风格，此后多年都坚守不变。而这一成不变的坚持也为万宝龙公司带来了巨大的收获，任何一家书写用品公司都无法与之匹敌。2000年伊始，为了庆祝大班系列推出75周年，万宝龙公司制造并出品了多款限量版钢笔，其中最珍贵的几款全世界范围仅发行75支。众多限量版钢笔中，有一款可谓世界首支——大班系列骨架（Squelette）笔。这款笔的制造工艺可谓无与伦比，整支笔的笔身为雕刻镂空结构，从外面可以看到笔身的内部构造。

该款笔的每一个零件均由18k金打造，并以手工精心雕琢而成。钢笔的笔帽口处箍有一纪念圆环装饰，圆环上镶嵌有一颗钻石，笔帽顶端则是万宝龙的经典标志：六芒星，这款笔的六芒星标志为珠光色。呈骨架状的镂空笔身由一种稀有的树脂材料制成，并装饰有金制掐丝工艺花饰。这款

笔全世界只发行75支，每一支都标有编号。通常，完成这样一支设计精妙的钢笔要花费技艺精湛的手工艺家们一个多月的时间。可以说大班系列骨架笔是经典中的经典，其设计理念和手工工艺水准都无可匹敌。

由神话幻化而成的钢笔

20世纪30年代的埃尔莫-万特佳工厂

金制龙笔（Dragon）共发行100支

埃尔莫－万特佳(Elmo-Montegrappa)公司，意大利第一家书写工具制造商，于1912年创立于巴萨诺－德尔格拉帕。之所以取名为埃尔莫－万特佳，是因为公司的创始人之一，一位德国的工程师名叫海因里希·黑尔姆（Heinrich Helm），Elmo 即为其姓氏的意大利语化音；"montegrappa" 即为 "Monte Grappa"，是巴萨诺－德尔格拉帕地区的最高山峰。公司的另一位合伙人，亚历山德罗·马尔佐托（Alessandro Marzotto）也是一名工程师，出身古老的名门贵族。这两个人的出身及文化背景大相径庭，但却都热衷于机械制造，于是便合伙买下了一栋巨大的建筑，也就是如今万特佳公司的坐落地。起初，他们的生产仅限于金笔尖的制造以及滴管上墨式钢笔和安全笔的硬质橡胶笔杆制造。当时，利用赛璐珞制造笔管还没有在意大利发展开来，万特佳公司已经成功地利用酪素塑料这种塑料材质造出了彩色钢笔笔管，所有的产品均质量上乘，这也使

得公司事业蒸蒸日上。1921 年，马尔佐托家族掌握了公司的大部分股份。二战期间，笔厂所在地战火不断，局势紧张，导致生产钢笔的原材料紧缺。1946 年，一场无情的大火烧毁了工厂的赛璐珞存放仓库以及工厂的很大一部分，于是万特佳管理层作出决定，不再使用赛璐珞，而改用稀有金属制造钢笔。

此后，圆珠笔逐步攻占了意大利市场，这使得钢笔的市场占有率日益减少，不仅万特佳，其他众多知名品牌都受到圆珠笔的冲击，钢笔产量的减少促使马尔佐托家族不得不将工厂出售给了阿奎拉（Aquila）家族。新的经营团队接手后推出了几款广受好评的钢笔，这些高质量的钢笔不仅让万特佳在意大利市场重新振作，还打入了国际市场。1983 年，公司推出了一款 1915 年出产的钢笔的复制品"回忆"（Réminiscence）；1992 年，又推出了著名的80 周年纪念笔，这款笔可谓记述了万特佳的整个历史。

1995 年，万特佳推出了一款限量版钢笔：龙笔，笔身上的巨龙由雕刻艺术家费德里科·蒙蒂

(Federico Monti) 亲自操刀完成。这款笔是
该公司 50 年以来首次用赛璐珞打造而成，笔身装
饰则用了贵重金属。限量龙笔的诞生是为了庆祝中西
方两种文化的相汇融合。在中国，龙代表了和平、勇气和
睿智。笔身上的这只巨龙由纯银材质及 18k 金雕刻铸造，栩
栩如生地盘绕在赛璐珞材质制造的笔身及笔帽上。这样一支雄
浑霸气的钢笔的制造往往需要一年的时间。首先需要通过模塑
得到笔身上这条龙的大体形状，此后则需要七道复杂工序进行
加工。龙身上的突起鳞片、遒劲的龙爪、蜿蜒盘绕的龙身以及

银质龙笔共发
行1912支，1912代
表万特佳创立的年份

雄浑有力的龙首都需要经过精心雕琢，最后再加上红宝石制成
的龙眼，于是，这种神话中才能出现的动物就跃然笔上。

20世纪40年代万特佳
钢笔的组装车间

永不漏水的笔

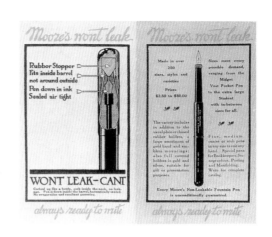

1920年不漏笔的宣传册。钢笔的笔头由于浸在墨水中，所以在书写的时候不会干涸

摩尔这一品牌的历史还要从一项发明开始说起，也就是莫里斯·W·摩尔（Morris W. Moore）发明的一种新型墨水系统结构。19世纪末的时候，人们在使用钢笔的时候总是会遇到漏墨水的问题，漏出的墨水不是染脏了手指，就是把装笔的口袋或者衣服弄脏，而灌墨的时候，又需要把笔身拧开，露出储水设备，这一步一步都相当繁琐。

此外，灌进去的墨水很快就会蒸发掉，当我们拿起笔想要书写的时候，会恼火地发现墨水都干了。于是，为了解决这些难题，莫里斯·W·摩尔开始不懈地研究，终于发明了一种"不漏笔"（Non

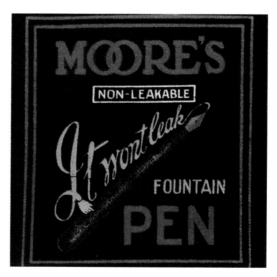

1915年的宣传广告

Leakable)，并于1896年在美国马萨诸塞州申请了专利。但是相当奇怪，申请专利以后，摩尔并没有生产这种笔，1899年，该品牌及该项专利被一家波士顿的公司——美国钢笔公司——收购了。这个公司买下品牌和专利后便在美国东北部生产了第一批摩尔不漏笔，并在市场上出售。

这款笔的笔帽设计得相当巧妙，保证笔头绝不会漏一滴墨水，这也就是这款笔的名称来源。其实原理相当简单，就是让储水装置中的墨水流入到笔帽部分的一个囊腔处。当我们盖上笔帽以后，笔尖就会总是处于一种浸在墨水里的潮湿环境中，这样的话，当我们书写的

1900年至1910年间制造的不漏笔。这款笔笔身由黑色硬质橡胶制成，装饰有金制圆环

不漏笔50号（Non Leakable n°50）由红色大理石花纹硬质橡胶制成，1919年出品

时候，笔尖就不会因为变干而不出水了。这款不漏笔的笔身由黑色及红色大理石花纹硬质橡胶制成，其中有几款的笔身上还带有金制细工装饰。不过这种笔也有缺点，就是笔尖很容易损坏。为了解决这个问题，1919年，制造商在笔帽中加装了一个安全装置以固定笔尖的位置，这样，当我们盖上笔帽的时候，笔尖就不易损坏了，这一装置的成功研制，使得不漏笔的寿命大大延长了。

在以后的生产中，公司渐渐失去了创新力。虽然他们生产的钢笔都质量上乘，但是往往都是跟风之作，没有新意。第二次世界大战之后，未来派设计风潮盛行，各大制笔厂商都纷纷进行技术革新，面对激烈的竞争和像派克、犀飞利、威迪文这样的强悍对手，摩尔逐渐在市场上失去了立足之地。1946年，公司推出了一款指尖（Fingertip）系列钢笔，这支笔笔身优雅，带有未来派艺术设计风格。1956年，摩尔制笔公司从市场上永远消失了。他们生产的不漏笔在市场上持续销售了30多年，成为该品牌最受瞩目的一款笔，可以说，这支笔是所有安全笔的鼻祖，多年以后，摩尔所设计

的这一构造又被诸如考斯或威迪文等厂商改良，应用到自己的钢笔制造中。

1920年的宣传广告

纸上跳动的蜜蜂

和众多艺术家的创造一样，埃尔韦·奥伯治（Hervé Obligi）的作品上遍布优美且蜿蜒的线条装饰。小时候，一块从曲折小径上发现的小石头都能让埃尔韦觉得如获至宝，沉浸在想象世界之中，之后，他成为一名伟大的创造家，而他用于创造的材料，不过是普普通通的木头和石子儿。

埃尔韦·奥伯治曾学习过细木加工及雕刻，与弗朗索瓦·热尔蒙（François Germond）一起修复过 18 世纪的珍贵家具，后来又跟随克劳德·迪朗（Claude Durand）钻研石头雕刻及镶嵌工艺，1985 年，他在巴黎的蒙特勒依开了一家手工作坊。依靠不懈的努力以及精湛的技艺，埃尔韦·奥伯治很快就被一些机构所看重，并把自己最为珍贵的一些东西委托给他进行修复。但是，埃尔韦始终觉得，修复与创造之间始终隔着千沟万壑，有着质

的区别，只做修复的话，那永远只能是手工艺人，拾人牙慧，而不是艺术家。于是，埃尔韦·奥伯治开始进行繁琐的石制钢笔雕刻，想要努力越过那道坎儿。

1992 年，这位石匠大师为朋友完成了第一支钢笔的雕琢，在此之前，他还从未考虑过用石料造笔，因为石料质地往往坚硬、沉重且易碎，很难加工成钢笔所需的圆柱形构造。然而，在不懈的努力下，蜜蜂笔（Abeille）终于诞生了，在埃尔韦·奥伯治自己看来，这支笔是他毕生的杰作。线条优美的蜜蜂笔笔身选用了虎睛石、缟玛瑙以及珊瑚来制造，笔夹为金制，笔芯是由犀飞利公司制造的。制造此笔的时候，所有加工石料的工艺都用到了：车削、金银丝嵌花、镶嵌细工、细木镶嵌、雕刻等。此外，埃尔韦·奥伯治还精心研究了笔身的构造，使其更加符合人体工程学：笔身很轻，线条和形状都完全符合人手掌的弧度。这只跳动在纸上的蜜蜂，其创造灵感其实就来自埃尔韦·奥伯治儿时漫步的田间小路。灵动飞翔的蜜蜂给他那视若珍宝的石头添上了翅膀，也成就了这支绝世少有的蜜蜂笔。

著名的蜜蜂笔，笔芯由犀飞利公司制造，这款笔仅发行了八支

天降之笔

对埃尔韦·奥伯治来说，每一块石头都有重要的价值，每一块石头都有自己的故事。就像法国著名童话作家夏尔·佩罗（Charles Perrault）笔下的"小拇指"（Petit Poucet）撒下的指明回家之路的石头一样，埃尔韦对每一块石头都满怀崇敬之情。不管是一块普普通通的火石，还是一块价值不菲的钻石，在他手下都能够被雕琢成惊世之作。一块块石头仿佛会说话一样，把自己的故事和秘密娓娓道来。

埃尔韦·奥伯治要为其赞助人打造一款钢笔，但起初，他只了解到他的这位赞助人相当迷恋陨石，除此便再无其他。所以，为了打造这样一支材料稀有的钢笔，他可谓煞费苦心，光草图就绘制了很多幅。设计好造型后，接下来的工序就是更为精细复杂的石料加工。石料加工的最基础工艺就是

磨蚀，是一种类似微侵蚀的石料加工方法，利用这一方法，我们可以在一块石头上造出千姿百态的效果：比如借助工具将石块分为两半，将石头穿洞，切削石料，对石料进行镂空或雕刻，等等。

这支陨石（Météorite）笔的笔身为精心雕琢的半透明金红石，给人以神秘莫测的感觉，之后登场的就是这款钢笔上最为重要的部分，一块稀有的陨石。这块来自遥远天际的陨石碎块，穿过大气层，陨落在地球上，最终被镶嵌在这支传奇的钢笔上。除此之外，这支笔上还有另外一个迷人之处，就是笔身正中镶嵌了一块剔透的琥珀。金红石、陨石、琥珀，这一切的一切都带着神秘的色彩，引人联想，可以说这支笔真的象征着宇宙洪荒、沧海桑田。

这款陨石笔的笔芯由犀飞利制造，每支笔的造型均独一无二

内部置有体温计的钢笔

阿曼多·西蒙尼，奥玛仕品牌的缔造者

1927年出品的第一款医生用笔。这支笔长16厘米，笔身扁平，为拉杆式上墨钢笔，笔身内置一支体温计

奥玛仕的传奇历史始于一战以后。1891年，阿曼多·西蒙尼出生在意大利的博洛尼亚地区。年轻的时候，他曾在一名钟表商那里工作，晚上则去学习绘画。1916年，他与埃尔薇拉·贝尔纳迪（Elvira Bernardi）结婚，他的妻子在他此后的一生中既是合伙人又是忠实的助手。此后不久，阿曼多·西蒙尼开设了自己的手工作坊，并在那里生产安全笔的零件。1919年，阿曼多·西蒙尼就已经制造出了生产钢笔替用件的机器，他在机械构造上无人匹敌的出色才华使他重造了许多国外进口钢笔的稀缺零件。当时，一些进口钢笔的零件一旦损坏就很难再找到，在这一方面，阿曼多·西蒙尼可谓是真正的先锋。

成功地迈出了第一步后，阿曼多·西蒙尼于1925年在博洛尼亚建立了自己的工厂并打造了自己的品牌：奥玛仕（Omas：Officina Meccanica Armando Simoni，即阿曼多·西蒙尼办公用品公司），这一名称在各种语言里都能容易地被读出并牢记。从最初的小实验室开始，慢慢地，奥玛仕成为钢笔市场的领军人

物。阿曼多·西蒙尼极具创新精神，热衷于技术性挑战并很有市场洞察力。创厂不久的他开始潜心制造一些构思巧妙的机器及工具进行笔尖压花、切割、装饰加工及抛光。由于创造力非凡，他被授予"意大利皇冠骑士"的称号，后来就有了"骑士"这一绰号。

1925年至第二次世界大战初期，阿曼多·西蒙尼凭着他敏锐的市场洞察力囤积了一大批硬质橡胶及赛璐珞材料，那段时间，硬质橡胶及赛璐珞这两种材料稀缺，然而，它们又是制造钢笔不可或缺的材料。这一举动无疑带给了奥玛仕更多的市

2000年时再版的一款医生用笔

奥玛仕品牌的钢笔质量上乘，设计理念新
颖，秉承了意大利悠久的制笔传统

场能动性，使其在市场上立于不败之地。

1927年，奥玛仕的第一项专利诞生——医生用笔。这款
拉杆式上墨钢笔的笔身用黑色硬质橡胶制成，形状扁平，笔身
内可容纳一支德国产的小型体温计。虽然笔身扁平，但是笔身
握笔处稍稍隆起，这就完全符合了人体工程学的要求。笔身尾
部的温度计帽内部装有一个保护垫，以防止温度计因震动而损
坏。承载灌墨装置及墨囊的部分与内嵌温度计的部分用铜镍锌
隔板隔开，这支笔在设计方面可谓独具匠心。

1930年，奥玛仕又推出了另一款医生用笔，这款笔周身
圆润，采用传统的滴管上墨法，笔身内部正中为内置体温计的
存放处，周围则是储存墨水的地方。这款笔可谓举世无双，时
至今日，还有很多收藏者在苦苦寻找它。

第一支双笔尖钢笔

带动笔尖往复交替出现的按钮细节

这款伊塔拉钢笔为黑色硬质橡胶笔身，有两个储墨系统，均为拉杆上墨

第一支双尖笔的发明者是丹特·达维德·塞罗洛（Dante Davide Zerollo），这款笔名为"双色"（Duo Color），1935年，阿曼多·西蒙尼开始生产这种笔。起初，奥玛仕制造这种笔的盈利均归该笔的创造者所有，后来奥玛仕便开始逐步改善这种笔的功能。

在"双色"基础上改进的伊塔拉（Itala）钢笔不仅设计构造精巧，而且美观大方，可以利用两种颜色的墨水进行书写，大大解决了会计师们所遇到的难题，因为会计师们在工作的时候往往要使用两支笔，这样才能记录下两种不同颜色的数据。

著名的伊塔拉钢笔，在双色笔的基础上改进而成，其设计理念源于两名意大利人米罗科·凯拉齐（Mirko Chelazzi）与迪诺·弗鲁利（Dino Frulli）在1931年研究出的原理

当然，这款笔同样也解决了不少其他领域工作者的问题，比如：书法家、制图员、建筑师等。有了这支笔，无论是什么要求都可以轻易满足。

伊塔拉钢笔的工作原理稍微有些复杂，这支笔分为两个半腔，每个腔中都有一个储墨囊，两腔之间中部有一个带切口的小轮，而这个小轮可以带动一个灵活的小齿轮。同最早的"双色"不同，伊塔拉不再使用回转或螺旋式机械结构。更换颜色的时候，只要按动笔尾部的一个按钮，连接着两个笔头的内部囊腔便会在齿轮的带动下交互更替。虽然这款笔的设计相当精巧且有效，但是因为这款笔当时卖价太高，所以在市场上的销量并不好。

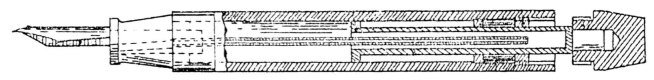

剔透之美

1936年奥玛仕出品
的超闪系列钢笔

阿曼多·西蒙尼这位"意大利皇冠骑士"的所有作品都可以说集艺术之大成，然而在所有这些杰作之中，最为经典的就是那款超闪（Extra-Lucens）系列，至今都被无数的收藏者奉为传奇，并且已经很难找到了。1936年，这个系列就已经登上了奥玛仕所有系列的顶峰，而奥玛仕公司也被奉为"意大利的钢笔文艺复兴"。同先前一款笔——闪亮（Lucens）系列一样，这款超闪系列笔也是12面笔。

这款笔的透明储墨芯融入了笔帽及笔尾旋盖的颜色，赛璐珞这种材料中特有的丙酮成分使得它的附着力超强。储墨芯的尾部同笔帽和笔尾旋盖的颜色一模一样，之后同样使用了丙酮将混合了笔帽颜色的储墨芯透明部分与储墨芯尾部衔接在一起，这道工序相当精细，甚至我们都难以发现衔接处的细小差别。该笔的笔帽为旋帽，笔帽口部有精美的回形纹装饰。

随着这款笔的推出，奥玛仕在钢笔制造上可谓进入了一个新时代，不光储墨芯的制造和以往大相径庭，连笔尖的制造也

和之前有所不同。之前的笔尖进水孔都为心形，而这款笔的笔尖进水孔则为五边形。1938年，奥玛仕又推出了超闪系列的第二款钢笔，这次这款钢笔的笔夹为箭形，这一设计不仅和笔尖上的箭形纹饰遥相呼应，同时也与著名的派克真空（Vacumatic）系列钢笔有异曲同工之妙。

LA VERA PENNA
A SERBATOIO
TRASPARENTE

Basta uno sguar-
do per control-
lare la quantità di
inchiostro ancora
esistente nel capace
serbatoio.

OMAS
Lucens

1936年打出的奥玛仕闪亮系列钢笔的广告，这款笔是之后推出的超闪系列钢笔的先祖

形如剪刀的钢笔

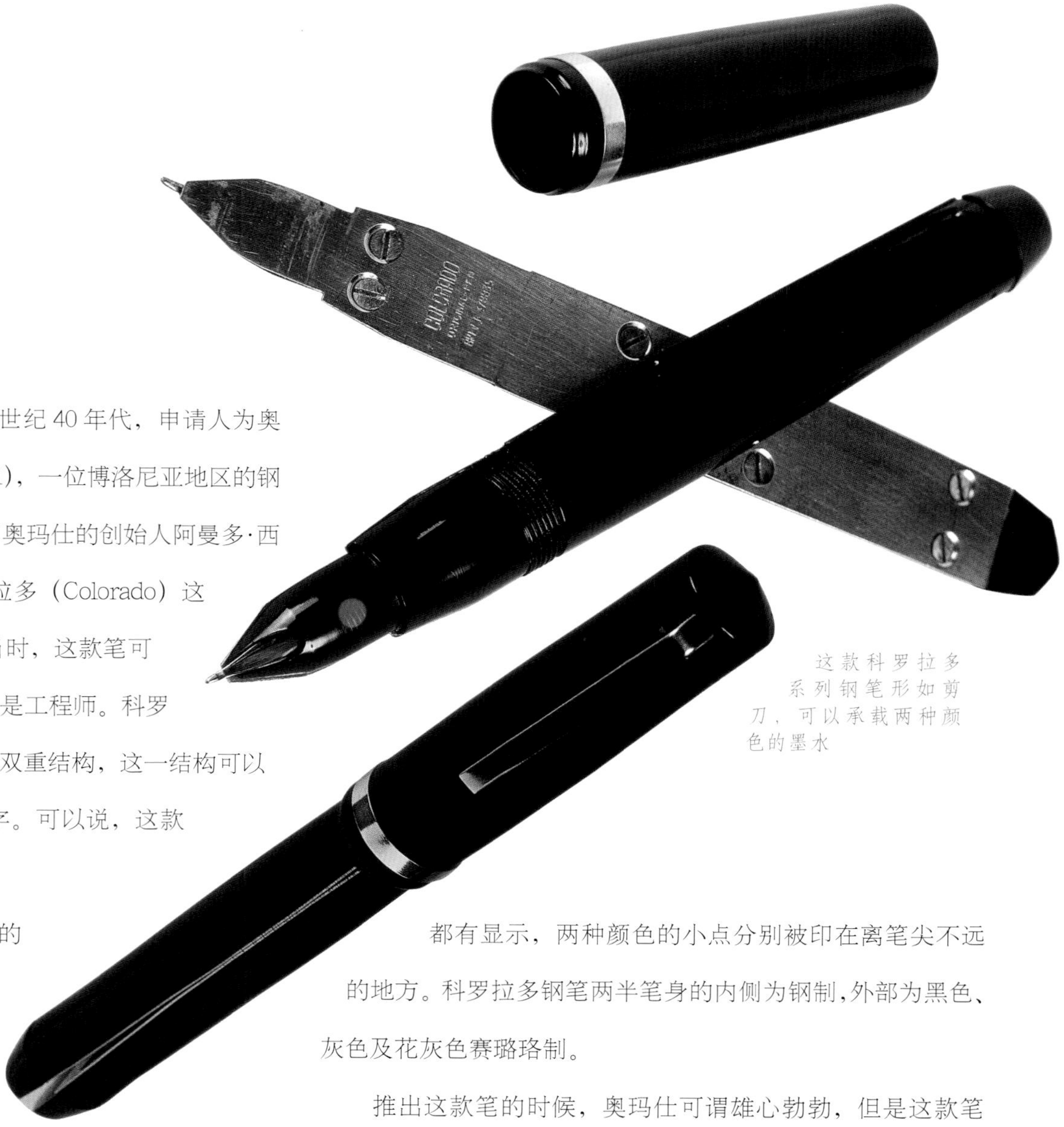

这款神奇钢笔的专利申请于 20 世纪 40 年代，申请人为奥兰多·夸德雷齐（Orlando Quadretti），一位博洛尼亚地区的钢笔店店主。申请专利以后，他便联系了奥玛仕的创始人阿曼多·西蒙尼，两人商量给这款笔起了科罗拉多（Colorado）这个名字并确定了笔身的最终风格。当时，这款笔可能只接受订购，因为使用这种笔的都是工程师。科罗拉多系列钢笔的独特之处就在于它的双重结构，这一结构可以让使用者书写出两种不同颜色的文字。可以说，这款笔是设计师们的不二选择。

这支笔的笔身被纵向劈成对称的两半，每一半内都有储墨及上墨系统，并由八颗一字形螺钉固定。两半笔身以各自正中为轴，相互重叠，当两半笔身旋转重合以后，盖上笔帽，就是一支形状普通的钢笔，打开笔帽，这支笔握感舒适；两半笔身展开之后，如同一把小小的剪刀。

当我们给这款笔上墨的时候，只需把两半笔身稍稍旋开，然后将笔尖浸在墨水瓶中，每半笔身所用的墨水的颜色在笔端

这款科罗拉多系列钢笔形如剪刀，可以承载两种颜色的墨水

都有显示，两种颜色的小点分别被印在离笔尖不远的地方。科罗拉多钢笔两半笔身的内侧为钢制，外部为黑色、灰色及花灰色赛璐珞制。

推出这款笔的时候，奥玛仕可谓雄心勃勃，但是这款笔上市多年，却并未收到预想中的成功。此后，这款笔被销往美国，但是后来随着圆珠笔逐渐充斥市场，这款笔无疑也被圆珠笔挤出了历史舞台。

1932年所做的奥玛仕上品系列钢笔的宣传广告，该款钢笔于1984年被重新命名为"典藏"系列

钢笔中的璀璨钻石

奥玛仕开始造笔之初，主要采用硬质橡胶作为笔身材料，但是这样一来，钢笔的颜色就被大大限制住了。后来，赛璐珞这种材料被大量应用于钢笔制造，这样，奥玛仕便更加如鱼得水，创造出了许多质量上乘且颜色鲜艳的钢笔。

1932年，奥玛仕在赛璐珞的使用技艺上达到了顶峰，推出了奥玛仕上品（Extra）系列钢笔，这款笔可以说是奥玛仕最吸引人的一款。该笔笔身呈十边形，笔身的装饰环上有回形饰。作为奥玛仕品牌的缔造者，阿曼多·西蒙尼这位才华横溢且审美超强的设计师充分认识到，赛璐珞这种材料会给他的笔带来更大的成功，它不仅质地轻盈、抗撞击、抗挤压，并且隔热性能良好，与墨水接触时可保持稳定，更可贵的是，这种材料的花色繁多。

1984年，上品系列正式更名为典藏（Paragon）系列，并开始用黑色硬质橡胶制作笔管。同年，为了精益求精，笔厂用带有拱形花纹的赛璐珞材料重制了典藏系列钢笔。可以说，在奥玛仕所有的彩色钢笔中，这款拱形花纹（Arco）钢笔是最为出色的一款。这款笔，周身泛着栗色珠光，像极了砂金石或已经成为化石的树木。当把笔帽盖上的时候，笔身上便形成一个漂亮的拱形弧度，这也便是它得名的原因。第二次世界大战之后，不少钢笔生产厂家都把赛璐珞这种材料换成了模塑塑料。事实上，1923年便被用于钢笔制造的赛璐珞材料结构并不稳定，比较容易吸湿，长期和橡胶接触之后会变黑，有时候还会开裂。而奥玛仕是众多钢笔生产者中唯一一个研制出结构稳定的赛璐珞材料的厂家，并把它运用到钢笔生产中，这款笔就是最好的例证，通常我们还会称它为"钢笔中的璀璨钻石"，是因为这款笔有十二面，每一面在光线照射下都会闪闪发亮。

1984年出品的拱形花纹钢笔是1932年创造的上品系列钢笔的翻版

一支为您讲述历史的笔

著名的海之领主钢笔以及笔身上的精美图案。笔帽笔夹下方有该笔的制造日期以及著名金匠热拉尔·勒菲弗的签名

在奥玛仕出品的所有珍品中，有一些可谓是杰作中的杰作，1992年出品的这款海之领主限量版钢笔就可称为巅峰之作。这款笔的名字起源于阿拉伯语"Al-Amir"，意思是"海里的领主"。1492年，西班牙的统治者斐迪南二世和其妻子伊莎贝拉一世便选择了这个名字作为发现新大陆的克里斯托弗·哥伦布的封号。这款笔的推出是为了纪念发现美洲新大陆500周年。

这款海之领主钢笔为我们再现了当年哥伦布发现美洲大陆时动人心魄的冒险历程，由法国著名金匠热拉尔·勒菲弗亲自操刀。钢笔的笔身及笔帽为蓝色棉花树脂，外层包裹18k纯金套筒，上面有精美花纹，笔帽上有哥伦布头像及签名，此外笔身上还有当时西班牙统治者的肖像，以及"圣玛利亚"号登陆圣萨尔瓦多时候的情景和美洲新大陆丰富物产的图案。海之领主钢笔制造时，首先要熔化75%的金和银及铜，以便得到18k金，熔化好的合金要被加工成圆筒状，做好这一步以后，还要往里面倒入融蜡，这样我们便可以在不改变装饰弧度的条件下对金饰进行精确的雕刻了。最后，金匠热拉尔·勒菲弗把雕刻好的图案整体取下，然后附在蓝色棉花树脂之上，一支绝世珍品就完成了。

由英国栎木制成的盒子，里面的一个暗格里就装着精美的海之领主钢笔

纪念耶路撒冷

耶路撒冷3000系列是奥玛仕与耶路撒冷市市长的智慧的共同结晶

奥玛仕耶路撒冷 3000（Jérusalem 3000）系列，出品于 1996 年，是为了纪念这座著名古城建立 3000 周年。经过长时间的研究考察，奥玛仕最终选取了古城的标志性建筑：耶路撒冷哭墙。耶路撒冷，这座名为"和平之城"的古城，城内宗教历史建筑比比皆是，到处都是艺术和文化的瑰宝，是犹太教、伊斯兰教和基督教世界三大宗教发源地。

制造这款笔，每一支都需要花费工匠上百个小时，不论是笔身的城墙花纹上那凹凸有致的浮雕效果，还是其中那精细的金银镂雕，或是在笔身以及笔帽表面覆盖的薄薄的一层银或铂金，都要花费工匠们相当大的精力和心血。

制作该款钢笔笔身的金银匠在笔身的城墙设计上又加上了许多古老的装饰，诸如蔷薇花饰及几何图形装饰等。此外，笔身上

还有相当多的象征意义元素，比如所罗门之星。笔身上的哭墙为螺旋上升状态，其上有几道标志性的大门：雅法门——其门外的雅法街通往雅法港；锡安门——通往市集的主要道路；狮子门——这道门上方的狮子仿佛在守卫着这道大门。至于笔身选择了紫色，是因为这种颜色代表了当时征服圣城的十字军的战袍的颜色，也代表着烁烁的日光闪耀在这座古城之上。

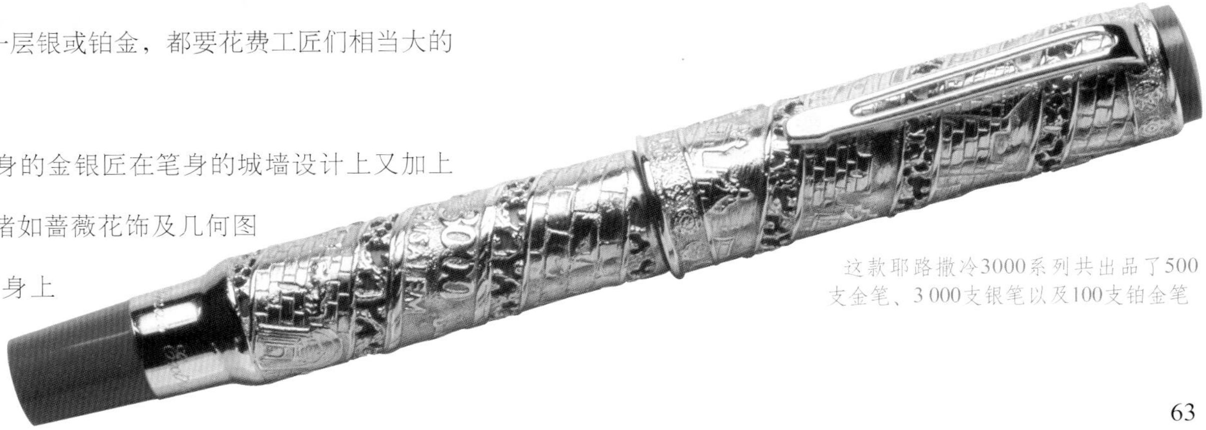

这款耶路撒冷3000系列共出品了500支金笔、3 000支银笔以及100支铂金笔

符合人体工程学的钢笔

大号版360系列，盖上笔帽后为16厘米，打开笔帽扣在笔尾上的长度为19厘米，笔身直径最粗为17.5毫米

360系列钢笔的三角形截面设计极大地提高了手握笔时的舒适度

这款奥玛仕360系列钢笔堪称是当今时代最具革命性的书写工具，其笔身横截面呈三角形，其设计旨在实现对人体工程学原理的充分应用。该笔握在手中手感相当舒适，握笔处微微向笔尖方向收缩。事实上，当我们握着一支笔进行书写时，握笔的三根手指会形成一个三角形，如此一来，三角形的笔身极大满足了握笔时的舒适度要求。考虑到这一点，1995年，360系列诞生了。

为什么给这款笔起名为360呢？这可以追溯到1948年生产的一款361钢笔，这支笔是300系列中的一款。它可以满足两种不同的书写方式：笔的一头可以书写出刚劲有力的字体；将笔翻转360度，则可以写出绵若无骨的娟秀字体。出品了这款截面为三角形的笔后，公司便修改了之前361钢笔的名称，因为三角形三个外角的度数相加为360度。

事实上，这种笔身和笔帽都呈三角形的钢笔早就有一个先例，就是20世纪30年代出产的一支笔，它和奥玛仕360系列钢笔有着同样的外形，但是这支笔的设计不能很好地解决笔帽开关的问题，盖上笔帽的时候，笔尖有时很容易就损坏了。为了设计这种外形独特的笔并解决之前所遇到的问题，奥玛仕特别组建了一个工作团队，笔身初步设计构想由米兰建筑工程学家斯特凡诺·比尼（Stefano Bini）完成，之后由技术人员利用三维计算机辅助设计及制造软件（Cad Cam）测定该款笔制作的可行性。

这款笔笔身较粗，使用棉花树脂制造。在这支笔的笔身抛光技艺上，奥玛仕做了很大革新，使用了一种全新的方法，使得笔身泛着一种特殊的光芒。笔身颜色为蓝黑色，犹如深邃的大海一般。

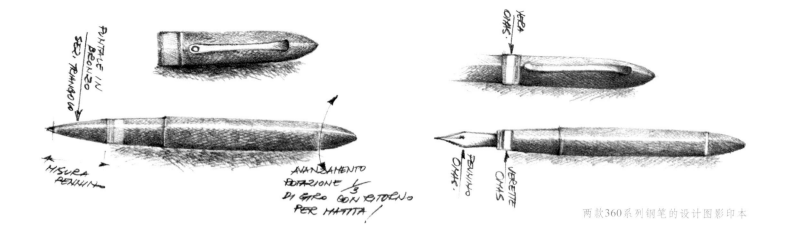

两款360系列钢笔的设计图影印本

奥玛仕 360 系列的设计风格完全吻合公司的悠久传统：笔帽处有回形饰花纹；铜锌合金制成的笔夹呈流线型，稍稍弯曲且光滑异常，轻轻松松地就可以夹在口袋上。不同性能的 360 系列笔的笔夹上都会刻有不同的标志以进行区分：中性笔会被刻上一个圆圈，钢笔为三角形，铅笔则是条形图案。

钢笔笔尖使用 18k 金制造，比奥玛仕之前生产的笔尖都要大一些，共有九种大小，笔尖顶端有铱粒，书写相当顺滑流畅。最细型号的笔尖有一条毛细管，比较大一点的笔尖则有两条。储水墨囊由一整块材料制成，解决了漏水的问题。上墨活塞被安装在钢笔的上半部分，由一铜镍锌钉固定，该笔的储墨量为 1.5 立方厘米，可以满足长时间且流畅的书写。360 系列也有钛钢版，不过这无疑是一项新的挑战，因为钛钢质地比较坚硬，所以钛钢版的制造往往需要更长的时间，过程也相当复杂，每天大概也就生产十支而已。360 系列的每支钢笔都有一张出厂证书，上面标有钢笔的制造日期。

由三维计算机辅助设计及制造软件完成的360系列钢笔的图像

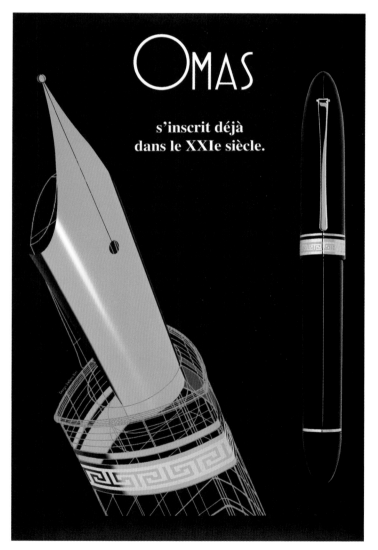

象征着20个世纪的20个面

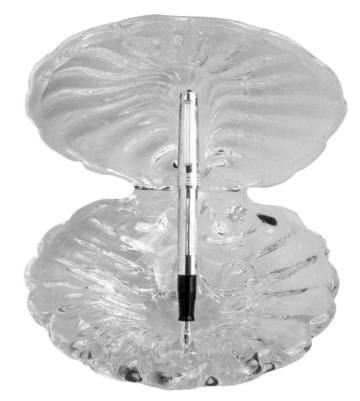

罗马2000系列钢笔是为了庆祝"万城之城"罗马从2000年向第30个世纪跨越而制造的,当时奥玛仕公司与罗马市政府商议制造这款笔,旨在重现罗马的某些非凡的名胜古迹,如济安·洛伦佐·贝尼尼(Gian Lorenzo Bernini)的建筑杰作:蜜蜂喷水池。这位著名的艺术家在法国被称为贝尔南(Bernin)或被尊称为"骑士",是杰出的意大利巴洛克艺术家。他在雕塑和建筑领域极有建树,曾设计并建造了不少宫殿、教堂及喷水池等。1998年,奥玛仕为了纪念这位伟大的艺术家诞辰400周年,出品了罗马2000系列中最为珍贵的一款笔:济安·洛伦佐·贝尼尼钢笔。

济安·洛伦佐·贝尼尼钢笔由18k金打造,是史上第一款拥有20个面的钢笔。打造一支笔需要大约200个小时之久,为了得到有20个面的笔身,工匠们会用铣刀在笔身上刻出20条1毫米宽的凹槽。但是这只是初步的准备工作,之后处理珍珠母贝的工作相当复杂精细。首先要把它们打磨成0.8毫米宽的小条,并且要将边角打磨圆润,打磨好的

奥玛仕罗马2000系列钢笔中最为惊艳的一款:济安·洛伦佐·贝尼尼钢笔

小薄片相当脆弱,之后我们要将它们粘贴嵌在之前打磨好的凹槽中,使珍珠母贝和黄金贝凹槽衔接得天衣无缝。如果有多余的珍珠母贝,工匠们便会用细质砂纸手工将其打磨好。

这款笔的笔帽由天青石装饰,这一颜色正是罗马古城的标志性颜色。在笔帽装饰环上镶嵌有几颗钻石,璀璨耀目,同时还雕刻着罗马斗兽场的局部图案。金制笔尖上雕刻着罗马的象征——著名的母狼乳婴像。这款笔仅出品了几百支,每支都标有序号,被盛放在由著名的威尼斯玻璃雕刻师瓦利斯科(Varisco)用水晶及金粉手工打造的精致小匣中,小匣的制造灵感来源于著名的蜜蜂喷水池,匣身成贝壳形状,里面有三只金色的小蜜蜂。

著名的蜜蜂喷水池是在出身于巴尔贝里尼家族的罗马教皇乌尔班八世的命令下建造的

鱼雷型钢笔的先驱

德产钢笔品牌奥斯米亚的历史可谓几经波折。1910 年，公司由伯勒尔（Böhler）兄弟在汉堡附近建立。起初公司仅进行安全笔及自动铅笔的生产，此后公司迅速发展壮大，并建立了新的生产车间制造钢笔笔尖。然而，几年之后，公司的销售额直线下降，1928 年，公司被由约瑟夫·凌美管理的德国派克公司收购。于是，被收购的原奥斯米亚公司则以派克－奥斯米亚公司的名义开始生产派克的世纪系列钢笔以及其他品类的书写工具，当时派克－奥斯米亚有自己的 logo：钢笔笔帽的顶端有一个被白色圆圈围绕的菱形图案。

1929 年末，约瑟夫·凌美离开派克公司组建了自己的钢笔厂，于是派克公司便将奥斯米亚公司出售，此后它更名为奥斯米亚股份有限公司，仍由伯勒尔兄弟管理。在两兄弟的领导下，笔厂又开始重新生产高品质的钢笔，出产了一批名为"奥斯米亚超级"（Osmia Supra）系列的钢笔。该系列钢笔的笔夹尾部为小球形，笔夹身上刻有

"Osmia"几个字，笔身流畅大方，极具 20 世纪 30 年代的钢笔风格。

但是，1933 年，为了摆脱派克公司对其的影响，奥斯米亚推出了一款鱼雷形状的钢笔——奥斯米亚跃进（Osmia Progress）系列钢笔。该款笔以隔膜式墨水泵进行上墨，只要把笔身迎着光放置就可以清晰地看到内部的墨水囊，从而了解墨水使用状况。这一系列中最为奢华的一支就是超跃（Supra Progress）系列钢笔。这支笔的笔身呈鱼雷梭形，周身亮黑，泛着寒光；笔帽上的装饰环为金制，白色的公司 logo 镌刻在笔帽上。该笔质量上乘、做工考究。这支笔的诞生比同时代其他笔厂推出该款型的笔大约早了 30 年。

1935 年起，A.W.辉柏嘉（A.W.Faber Castell）公司掌握了奥斯米亚的大部分股权，开始制造钢笔，并于 1951 年将奥斯米亚公司吞并

"幸运曲线" 笔舌的诞生

乔治·萨福德·派克(1862—1937)

派克钢笔的创始人——乔治·萨福德·派克（George Safford Parker）生于 1862 年的美国威斯康星州。这位钢笔巨头是一名英裔移民之子，最初，他在一家农场工作以供给自己的学业之需。此后，他获得了大学文凭，并进入了美国威斯康星州简斯维尔市的瓦伦丁电报学校，一年之后，他便成为该学校的一名教师。为了补贴自己微薄的生活费用，他于 1888 年开始向学生们出售约翰·霍兰制笔公司出产的钢笔。

这种笔和同时代的其他笔一样，都有一个共同的缺点：要么就是供水不足，要么就是突然漏水不止。不少买笔的学生都因此找到了派克那儿，于是，为了解决这个问题，派克开始为学生们修笔。在不断的实践中，他终于发现了问题所在，为此，他也找到了一系列工具来优化钢笔的构造：一架车床、一把带锯以及一只小型钻孔机，并开始了一次次的努力尝试。

终于，凭借着丰富的经验，派克成功地解决了漏墨的问题，并在 1889 年获得了这项发明的专利。之后的他一边教学，一边独立设计自己的钢笔，并在当地一名珠宝商的帮助下搞到了不少硬质橡胶笔管及笔尖，他利用这些材料组装自己的钢笔并进行出售。1892 年，他遇见了身为保险推销员的帕尔默（Palmer），后者向派克提供了一笔投资并成为合作伙伴，此后，派克制笔公司成立。随后的三十年中，派克公司获得了无数的专利及成功。

图中的这支笔从没有沾过墨水，因为一个世纪以来，它都被安放在这个小盒子中

图中笔尖所连的笔舌为"幸运曲线"笔舌

所有的这些专利成果中，最为重大的一项就是1894年创造的"幸运曲线"（Lucky Curve）笔舌。之前的钢笔笔身事实上就担当了储水器的角色，但是这种硬质橡胶材质笔身对温度及压力的变化相当敏感。在携带过程中，当钢笔处于竖直状态时，重力的作用会使墨水流向储水器的末端，一部分钢笔墨水会在毛细管作用下被挤回到笔舌。随着温度上升，笔管压力变大，这样一来，墨水便会被挤出笔尖，弄脏携带者的口袋。于是，为了解决这一问题，派克将笔舌尾端弯曲，使之贴到笔杆壁上，这样，笔尖朝上插在衣袋里时，弯曲的末端便可以确保墨水不会因为表面张力的作用倒流回墨水囊内而使笔尖冒水。这一发明奠定了派克笔是"清洁笔"的基础：写字清楚，手指干净。直到1929年，带有"幸运曲线"笔舌的钢笔才在市场上消失。

公司将爱神丘比特用在派克钢笔的广告中，旨在说明派克钢笔是书写情书的利器

笔中神话

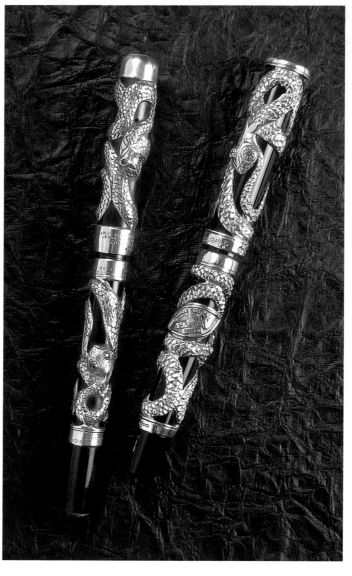

图片中左边的一支笔为1946年出品的蛇笔。右边的一支笔为1997年再版的蛇笔，这支笔为限量款钢笔

20世纪初，制造钢笔笔身的材料主要为硬质橡胶，所以钢笔的颜色有限，在这种笔身颜色刻板一致的情况下，笔身装饰就显得相当重要了。一支普普通通的黑色硬质橡胶钢笔，在珠宝匠及金银饰匠的妙手下，会变得巧夺天工、举世无双。1900年至1925年间，这种笔身装饰相当盛行，装饰笔身的这种工艺被称为"金银细工装饰"，主要就是把一块金属材料进行切割，在往笔身上粘贴之前对切割好的金属进行雕镂及修整镂刻。派克就是生产这类钢笔的第一批厂商之一，为此，他邀请了纽约或波士顿地区有名的金银饰匠来装饰公司所生产的钢笔。这些金银饰匠中最为著名的一位就是乔治·W.希思（George W. Heath），也正是在他的手中，诞生了这支带有神秘色彩的蛇笔。这款笔

笔身上的巨蛇遒劲有力，透迤盘旋在笔身之上，周身饱满，刻画细致入微。从1900年到1915年，派克公司出产的不少装饰笔上都刻有代表乔治·W.希思的字母"H"。事实上，在这里我们所说的金银装饰艺术是一种手工劳作及机械化生产的混合产品，装饰物在笔身上的布局多多少少也取决于实施工作的工人们的灵感。所以，在1905年至1918年之间，出现了相当多款蛇笔的变体。

1997年，派克再版了这款神秘的蛇笔，笔身上的巨蛇只有眼睛还使用了原来的祖母绿宝石，其他部分都做了修改。但是，我们可以看到，在幽暗的笔身上，这只全身布满银色鳞片的魔蛇还是在默默地盯着我们，用它的魔法迷惑着我们。

无与伦比的美丽

20世纪初，新艺术运动影响了派克公司的设计者，他们开始使用金银这种贵重金属或珍珠母贝制作精巧的装饰表层来装饰单调的黑色硬质橡胶笔管，派克46系列钢笔就诞生于这一时代。这款笔笔身优美大方、修长华贵，笔帽细长笔直，为滴管式上墨钢笔。

该款钢笔笔身使用黑色硬质橡胶制成，外表装饰有金制及珍珠母贝表层。笔身上及笔帽上的金饰出自著名的金银饰匠乔治·W.希思之手，线条流畅、圆润。笔身上的珍珠母贝装饰相当细腻柔和。

这款派克46系列钢笔其实在书写工具的历史长河中并没有什么技术创新价值值得参考，这款笔之所以著名，只是因为它无与伦比的美丽。该笔当时在全世界范围只出品了15支，目前我们知道主人的只有6支。这几支笔的大小各不

这款派克46系列钢笔制造于1905年至1915年间，配有"幸运曲线"笔舌

相同，其重量、笔身上雕饰的花纹以及珍珠母贝所发出的珠光色也各不相同，可以说，每支笔都体现了派克46系列钢笔的制造意图，就是满足我们的视觉享受。这款笔无疑是派克公司为了满足观赏欲而设计的最为珍贵的笔。

宣传广告中纵马往奔的印第安人追逐着战利品——一支派克钢笔

所有钢笔品牌的指路明灯

图片中左边一支笔为派克世纪系列大红笔，
制造于1912年。右边一支为派克世纪系列满
大人笔，笔身为赛璐珞材料制造，比大红笔
晚五年出品

20 世纪 20 年代,钢笔市场逐渐开始停滞不前,慢慢变得萧条,为了挽回这一局面,不少钢笔制造商都尝试为钢笔市场注入新的血液,唤醒它的活力。在此之前,钢笔已经成了一件大众消费品,自 1884 年起,无数钢笔制造者就已经竭尽全力做出了很大的努力和多次尝试,把能够做到的创新发明都做了,所以,要想挽回萧条的市场相当不易。

当时的派克销售分店经理刘易斯·特贝尔(Lewis Tebbel)创造了一款划时代的钢笔,并为其命名为"世纪"。

这款笔上墨系统的灵感来源是 1917 年出品的杰克刀 25 (Jack-Knife 25)系列,后者是一款在当时已经相当流行的钢笔,但是世纪系列钢笔的笔身更加粗大,能承载更多的墨水,特别是其笔身鲜艳的颜色,为它赢得了更多的青睐者。事实上,当时的大部分钢笔笔身都是用黑色硬质橡胶做成的,而世纪系列钢笔虽然也是用硬质橡胶制造笔身,却没有一如既往地使用黑色这一沉闷的颜色,而是使用了鲜亮的橘红色。另外,这种笔售价为 7 美元,是当时普通钢笔定价的两倍还多。世纪系列大红笔(Big Red)笔身通红,于 1921 年在芝加哥进入市场,改变了美国钢笔业的发展方向。

1919 年,公司缔造者乔治·萨福德·派克之子肯尼思·派克(Kenneth Parker)辞掉了广告公司的工作,进入派克制笔公司,并做出了一系列的创新,仅仅一个星期,钢笔的销售额就填补上了巨大的广告宣传投入。

可以说,派克世纪系列就是该公司的一块瑰宝:1920 年,公司的该款笔的销售量达到了 100 万支,1924 年则超过了 2 500 万支!

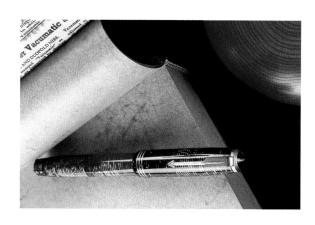

真空上墨的半透明钢笔

1935年出品的绿色真空系列钢笔，没有笔帽，可直接插在桌上的笔座中

20世纪30年代这一时期，对于派克来说可谓至关重要。1929年，金融危机爆发，此后，犀飞利推出平衡（Balance）系列来抗衡又使得情况雪上加霜。到了1931年，派克公司的营业额跌了近一半之多。经济危机中的不少钢笔制造商都开始谨小慎微地行事，但是派克则不然，他开始不顾一切地去尝试新计划。1932年，派克公司打算研制一款采用新型上墨方式的钢笔——真空系列钢笔。当时，肯尼思·派克决定改善传统的钢笔上墨系统，他认为传统的墨囊及压缩杆都太占地方了，大大地减少了墨水的存储量，并且，橡胶制的墨囊在墨水的腐蚀作用下很容易被分解。于是，公司便开始根据1928年从威斯康星大学教授达尔伯格（Dahlberg）手中买到的一份专利开始研制开发这款钢笔，在此后的五年中，派克先后投资125 000美元，直到这款真空系列钢笔推出市场。著名的纽约设计师约瑟夫·普拉特（Joseph Platt）也参与了这款笔的改造与设计。他为这款笔设计了一个箭型的笔夹，并命名为金箭（Golden Arrow）。

起初这款笔被命名为派克真空上墨钢笔（Vaccum Filler）。

这种笔并不是真的不用墨囊，只能说它并不把墨囊当墨囊用，有人把这种墨囊叫"横膈囊"。笔如其名，是以一种类横膈膜方式来上墨（旋下笔尾的旋帽，按动活塞，触动内部横膈囊，笔管内部空气自然被排出，松开手，活塞自动升起，横膈膜也随之收回，墨水就被吸上来了）。其特点是储墨量超大，当年派克的广告号称这款笔有102%的储墨量。钢笔中的墨水直接与笔身接触，这就要求笔身的材料必须要抗腐蚀，于是，派克从杜邦公司订购了一批新型的透明赛璐珞材料。最终，一款环纹赛璐珞真空系列钢笔诞生了，这款笔有两种颜色，一种比较明亮，另一种稍显暗淡，透过笔身的环纹，可以隐约看到内部的墨水使用情况。到了20世纪40年代，派克又相继推出了几代真空系列钢笔。

流线型的钢笔

派克51系列钢笔可以说是派克公司创造的一个奇迹，这种品质上乘且价格昂贵的笔一般只能小批量生产

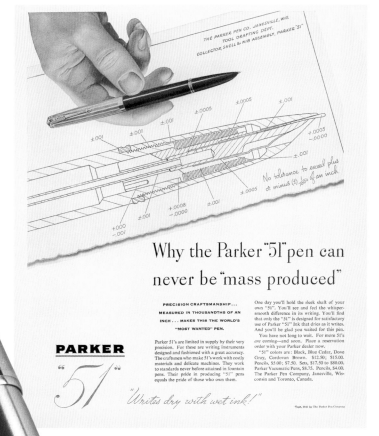

第二次世界大战初期，美国的钢笔制造业逐渐萧条，只有势头及实力最为强劲的钢笔制造商才能在那一时代存活下来，其中就有我们所熟知的派克公司。1940年，这一年中，尽管派克公司没有做什么惊天动地的事情，但是他们一直在蓄势待发，准备推出一款革命性的钢笔，也就是我们直到今天还趋之若鹜的派克51系列钢笔。

20世纪30年代，市场上出售的所有墨水都是随着蒸发很快变干的。人们一步步地尝试加快这一变干过程，但是问题也随之出现，如果墨水在纸上干得很快，那么同理，它在笔尖上也会干得很快……于是，派克公司发明了一种速干墨水（Quick-Ink），这种墨水可以快速地被纸所吸收，达到快干的效果。然而，墨水中的强碱成分会对笔身以及橡胶制墨水囊造成严重腐蚀。为了解决这一问题，公司在笔身的制造上选用了一种坚实的透明合成树脂。制成的笔笔身线条流畅，笔夹为当年普拉特为真空系列钢笔设计的金箭，脱去笔帽后，其外形就像是一架准备出征的无翼战斗机。51系列钢笔的笔尖为管式暗

派克51系列钢笔是战后销量最好的一款钢笔

尖，这样的构造可以大大减少墨水弄脏手的几率，同时笔尖打磨得既不会很粗也不会很纤细，这样，当我们写字的时候就相当顺滑流畅了。

起初，派克51系列为真空上墨钢笔，以类横膈膜方式来上墨。1947年，这种上墨系统被气压吸墨系统所取代。

总之，派克51系列钢笔在当时不同凡响，甚至派克在广告宣传时都把它说成是"就像来自于另

一个星球"。事实上，派克51系列钢笔的设计很大程度上受到了莫霍伊－纳吉的影响，这位著名的包豪斯派造型艺术家来自匈牙利，他在出品派克51系列钢笔的同年于芝加哥建立了设计学院。

1939年，这一年间，公司在给这款钢笔的命名上下足了工夫，当时恰好是派克公司建立51周年，于是，这款笔就有了"51"这一名字。派克公司认为这是最贴切的名字，无论到哪儿都免去了翻译的麻烦。

这款笔首先被投放到巴西市场，但是并没带来很大效益。于是，派克继续对钢笔进行改良，1941年，51系列钢笔被投放到美国市场，当时的售价为12.5美元。可以说，派克51系列就是笔坛的常青树，在世界上的销量一直排行榜首：1941年至1972年

广告中的人物收到了一支派克51系列钢笔，相当开心。1947年，51系列钢笔开始使用气压吸墨系统

期间销售了4 100万支，折合销售额约4亿美元。51系列钢笔在当时可以说是战后最有代表性的一款钢笔，1945年5月8日，蒙哥马利将军在柏林曾用一支派克51系列钢笔在德军投降书上签字。

1949年8月，派克推出了一款金笔，名为51系列总统（51 Presidential）笔。由于有着美妙绝伦的流线型线条，以及过硬的质量，1950年，派克51系列钢笔被时尚学院授予奖章。派克51系列的设计可谓影响深远。

名牌经典圆珠笔

20世纪50年代初期，圆珠笔开始大量充斥市场，很快就受到人们的青睐。易于使用的圆珠笔方便了人们的书写，它的发展成为书写工具发展中不可逆转的大趋势。虽然派克公司有着敏锐的洞察力及独到的前瞻眼光，并且对书写工具市场有很深的研究，但是，在圆珠笔制造这一领域却还是做得太迟了。肯尼斯·派克并未追逐时尚的大潮打造自己品牌的圆珠笔，直到1954年，公司创始人的孙子丹尼尔才推出了一款圆珠笔，并命名为派克记事（Jotter）系列。虽然只是一款简单的圆珠笔，派克记事系列仍然继承着公司一直以来精益求精的灵魂。这一系列圆珠笔的笔身由唐·多曼（Don Doman）设计，内部构造由爱德华·格鲁米奇（Edward Grumich）操刀打造，外部修饰初稿由诺兰·罗兹（Nolan Rhoades）设计。

这款记事系列圆珠笔笔身为不锈钢制造，笔尾部的按钮也为钢制。全钢的笔身使得这款圆珠笔可以承载一个180公斤重的成人的重量而不变形。它超大的圆珠笔芯可以装载更多的油墨，旋转的笔尖确保笔尖受力均匀，这也意味着每支记事系列圆珠笔的使用寿命都可以比其他任何圆珠笔的长5倍之久。按动笔尾部的按钮，笔头就会进出自如，相当方便，省去了反复摘戴笔帽的不便。另外，这款笔的笔头有多种型号，可以满足使用者的不同书写需求。

这款笔起初设计的时候，笔夹并未被设计成箭形，其原因是公司并不想让这款圆珠笔夺取钢笔的宝座，然而，虽然公司在设计上有所保留，笔的售价也比较昂贵，但是在不到一年的时间内，这款圆珠笔还是卖出了350万支。1957年，公司又推出了记事T球（Jotter T.Ball）系列，这款圆珠笔的走珠采用了钨这种材料，大大加强了书写的流畅性及使用寿命，同时，它的笔夹首次被设计成了传统的箭形。

左边这支笔为1954年产的派克记事系列圆珠笔，其在全世界范围内销售了45 000万支。右边这支笔为派克记事系列圆珠笔的示例样品

太空之笔

1956年，派克公司推出了著名的派克61系列钢笔。当时组织设计这款笔的人是派克公司的设计主管唐·多曼，起名为61系列其实是想延续51系列钢笔的传奇。这款派克61系列钢笔像极了之前的51系列钢笔，笔身呈流线型，给人以一种庄重肃穆的感觉，只是比先前的51系列钢笔的笔身细了一点儿。除此外，同51系列钢笔不同，这款钢笔的笔尖上方的握笔处多了一个小小的镀金箭头。在钢笔的上墨系统的设计上，唐·多曼也采用了新的结构，就

派克61系列钢笔的宣传广告，年末的一款奢华大礼

是只利用笔舌的毛细吸力原理进行上墨。这款笔的笔舌为海绵质，向上延伸至钢笔储水囊中，其外层由聚四氟乙烯保护。笔舌浸入墨水20秒后，墨水便会源源不断地被毛细管所吸取。笔舌外部包裹聚四氟乙烯材料是为了使多余墨水流出，这样就没必要在上完墨水后去擦拭笔舌部分。值得一提的是，第一款派克61系列钢笔的笔帽相当漂亮，在光线的照射下会发出彩虹一样的光芒。

派克61系列钢笔的"彩虹"笔帽细节，以及笔尖上方握笔处的镀金小箭头

虽然这款派克61系列钢笔有着优美的线条及新颖的上墨方式，但是其市场销路并不好

限量版钢笔的创新之作

著名的75系列西班牙宝藏舰队钢笔共出品了4 821支

1964 年，正值派克公司成立 75 周年，于是公司便推出了这款派克 75 系列钢笔。这款笔同样也由唐·多曼监制，笔身设计古典大方，可谓集美学与优秀的性能于一身。派克 75 系列钢笔推出的第一款为银制，笔身上的格子形雕镂图案在如今的款式中仍能看到。笔身上的装饰品均为金制，所以，这款笔在当时卖出了 25 美元的高价。笔尖为 14k 金，握笔处的设计相当符合人体工程学。

一年以后，派克又推出了 75 系列西班牙宝藏舰队（Spanish Treasure Fleet）钢笔。这款笔由肯尼思·派克和唐·多曼共同设计，其灵感来源是一条古老沉船中的金币多布朗（Doublon）。1715 年，西班牙腓力五世的船队满载着从墨西哥劫掠过来的战利品驶回西班牙，7 月 31 日夜间，其中一只船不幸触礁沉没。几个世纪后，这支沉船以及船上满载的珍宝都被发现了，其中一部分银币被派克获得，得到这些银币后，派克公司便将它们都熔化用以制造这款 75 系列西班牙宝藏舰队钢笔，当时的售价为 75 美元一支。这款笔的笔帽饰环上刻有 "Sterling Silver Spanish Treasure Fleet 1715"（1715 年西班牙宝藏舰队纯银制造）字样，同样，笔身上仍保留着 1964 年第一款 75 系列钢笔的标志性格子形雕镂图案。

此后，公司又推出了众多限量版 75 系列钢笔。1975 年，限量推出了 5 000 支伊丽莎白女王系列钢笔，这款钢笔的笔身由一艘于 1972 年 1 月 9 日在香港港口烧毁的船只上的黄铜打造。1976 年，推出了美国独立 200 周年纪念（Bicentennial America）系列，这款笔为锡制，笔帽顶端有一小片费城独立会堂的木头，这款笔共出品了 10 000 支，主要为了纪念 1776 年 7 月 4 日美国独立日，以及第一位总统乔治·华盛顿和《独立宣言》的起草者托马斯·杰斐逊这两位伟人。

登月计划带来的灵感

1970 年，派克推出了一款"未来派"钢笔，当时美国正在准备新的"阿波罗 11 号"登月计划。这款 T-1 钢笔带有浓重的"太空时代"味道，笔身材料几乎完全是钛，这一材料是人类至今所知的最具韧度的金属之一，被广泛地运用于航天事业。

T-1 钢笔笔身的设计也极具革命性，笔尖与笔身融为一体，就如同之前的羽毛笔一般，只不过其材料是钛而不是羽毛。笔舌上有一颗小小的螺钉，只需轻轻一拧便可调整笔尖的宽度，书写出使用者自己所需要的笔画粗细。众所周知，钛这种材料韧度及硬度都相当大，这无疑给笔厂带来了空前的困难，由于生产技术问题，这种笔于 1971 年便不得不停产了。这款 T-1 钢笔是派克公司设计主管唐·多曼所设计的最后一支笔，广告宣传这种笔是"自鹅毛笔以来第一种不用分离笔尖的笔"，同时，它也是派克制笔历史上的绝版之作。

笔舌上的小螺钉可以轻易地调节笔尖宽度

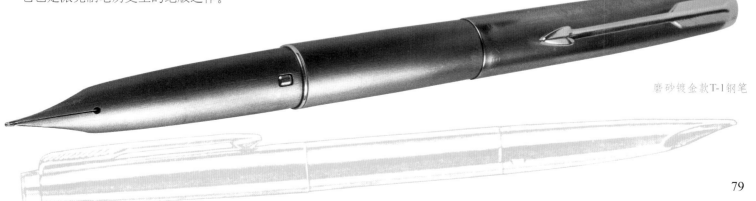

磨砂镀金款T-1钢笔

活塞式上墨系统的创造

百利金的历史可以追溯到 1842 年，当时，一位名叫卡尔·霍内曼（Carl Hornemann）的化学家在德国汉诺威市买下了一家小手工作坊，在那里进行美术颜料的加工。1871 年，由于不善经营，他将厂子卖给了另外一位化学家贡特尔·瓦格纳（Günther Wagner）。为了区分于其他厂家的产品，贡特尔·瓦格纳在他的产品上贴上了他家的族徽——一只鹈鹕在巢里喂四只小鸟，这成为百利金公司此后的商标。1878 年，百利金成为当时德国第一批正式上市公司，三年之后，公司已经有了 39 名员工。1881 年，公司雇佣了年仅 21 岁的弗里茨·拜因多夫（Fritz Beindorf），1887 年，拜因多夫升任总监并娶了贡特尔·瓦格纳的妹妹为妻，此后，公司的一切事务便都由弗里茨·拜因多夫主管。

1901 年，百利金的事业如日中天，其产品品类也不断扩大，当时推出的著名百利金诺（Pelikanol）白色黏合剂，散发着淡淡的杏仁香气，直到 1960 年，

该产品仍是一种先进的纸张黏合剂。当时的百利金产品不仅在德国相当著名，在国外也非同凡响，这一切都有赖于百利金公司在世界各地建立的货物托管处。当时，公司在柏林、慕尼黑、伦敦、苏黎世、巴黎和纽约都建有货物托管处，并在奥地利成立了子公司。20 世纪 10 年代期间，百利金主要生产美术颜料、吸墨纸、硬板纸、文具用品以及 160 种墨水。1913 年是公司成立 11 周年的纪念，当时，公司的雇员已经达到 299 人，而工人数量已经增至 758 人。

第一次世界大战期间，由于战火不断，公司由此失去了不少市场。1921 年，百利金公司由弗里茨·拜因多夫及其三个儿子共同管理。四年后，公司推出了一款名为格拉佛斯（Graphos）的书写工具，这款笔的笔尖可以随意更换以调节书写笔画的粗细，所以一直被视为工程师、建筑师及学生用于技术绘图及写

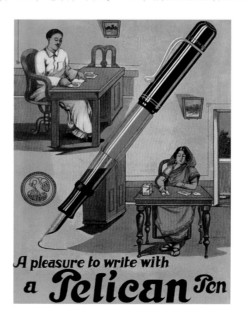

字等精确使用需求的工具。此后,公司又不断努力研究,终于推出了该品牌的第一款钢笔:100号(n° 100)钢笔。这款笔秉承了德国品牌的严谨,做工精细,采用活塞式上墨系统,此后这一系列被汉诺威公司使用,并获得巨大成功。100号钢笔的上墨系统由特奥多尔·科瓦奇(Theodor Kovàcs)和卡罗利·巴科(Caroly Bako)于1925年至1929年间研制而成,钢笔上墨以后握笔处干净不脏手。原理其实很简单,100号钢笔的金制笔尖浸入墨水一厘米即可完成上墨工序,这样就避免了把握笔处都浸到墨水中的麻烦了。这款笔的笔身呈透明黄色,其中三分之二的部分为黑色或绿色,剩下的三分之一的部分有个小小的透视窗,从那里我们可以看到墨水的使用状况。100号钢笔的笔帽由硬质橡胶制成,笔帽上朴素的笔夹的形状宛如鹈鹕大大的嘴巴。之后,公司又出产了一些彩色版100号钢笔,但是这些彩版笔只出口国外,在德国出售的100号钢笔只有黑色及绿色两款。

1929年款的100号钢笔,这款笔的笔身上没有传统的条纹图案,相当罕见。该笔采用活塞式上墨系统

美丽的鹈鹕鸟

1998年仿造1934年款出品的百利金托莱多M700型（M 700）钢笔

贡特尔·瓦格纳的族徽——一只鹈鹕自刺胸部以血哺育巢里的四只小鸟

从1929年开始，百利金致力于制造高水准的书写工具，但是，一直以来，其出品的钢笔在审美和性能上都没有很大的突破。因为20世纪20年代末，自公司创造了活塞式上墨系统并推出了著名的百利金100型钢笔以来，就一直满足于这款经典的亮色钢笔。

1934年，百利金开始自己生产笔尖并推出了一系列高档的钢笔，其推出的第一批产品被命名为托莱多（Toledo）系列，其厂内型号目录上标号为111 T。托莱多是西班牙的一个小城，该笔就是在那里制造的。几个世纪以来，小城中的金银雕刻和镶嵌工艺被认为是最好的。这款笔的笔身上均装饰有手工雕镂的金银饰图案。首先，技师要根据图样利用套筒雕刻出图案的雏形，每一部分的雕刻工序都相当复杂精细，需要一个月之久的时间，历经上百道工序。笔身上的图案就是当年公司缔造者贡特尔·瓦格纳所设计的鹈鹕鸟自刺胸部以血哺育小鸟的形象。笔身采用绿

色色调，内部构造仍是活塞式上墨系统。笔帽为黑色，笔夹呈鹈鹕嘴形。

出品后六年间，托莱多系列一直是该品牌的高档系列，之后，第二次世界大战爆发，由于战事，1947年，该笔一度停产。随着时间的推移，1951年，笔厂恢复作业，并开始对这款笔进行更进一步的完善，可以说，20世纪50年代的钢笔设计水平远远超过了之前。但在20世纪70年代末，公司宣告破产，1984年，一家瑞士公司成为百利金新的大股东，继而推出了一系列产品，而灵感来源则是直接套用20世纪50年代的设计。

这一时期出品的托莱多系列笔身上有金银装饰，只是笔身大小上慢慢做了改动，以迎合埃贝尔公司的需求。自1991年开始，托莱多系列钢笔不再以娇小的M 200型（M 200）钢笔为原型，而是采用了亲王M 800型（Souverain M 800）钢笔宽大的笔身。1993年，位于德国汉诺威市的公司又推出了新款托莱多系列

百利金托莱多系列笔身
雕饰的细节

20世纪初,为了扩大品牌的知名度,百利
金开始出售小瓶装墨水

钢笔,这款钢笔的笔身比之前更加粗大,分为"金雕"和"银雕"两款。可以说,这一系列的钢笔做工严谨、工艺精湛、书写手感一流,处处能体现制作者的老练和谨慎,堪称德国钢笔的翘楚。

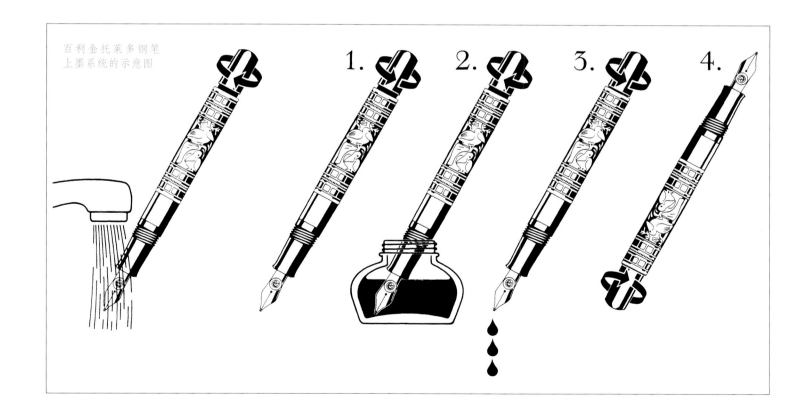

百利金托莱多钢笔
上墨系统的示意图

1.   2.   3.   4.

第一支签字笔

1963年拍摄于巴黎的照片，照片中的广告是派通公司为其
第一支签字笔做的

一直以来，派通公司都是现代书写工具制造商中的领头羊，1951年，公司取英文"pen"及"pastel"这两个词为自己命名为"Pentel"。公司的创建者是如今（指2001年）派通公司负责人的祖父堀江幸夫，1946年，他在日本东京成立派通公司（其母公司成立于1911年）。两年之后，也就是1948年，一名颜料商的儿子岩井（Iwaï）被该公司雇用。

起初，为了扩大品牌知名度，岩井购买了几辆二战后美国占

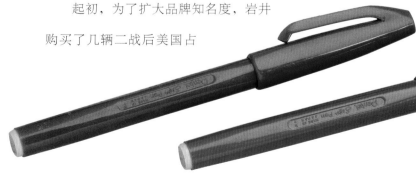

领日本时期的老爷车，并在车身上绘制了公司产品当作装饰。这几辆老爷车跑遍了全日本，并向孩子们分发一些小玩意儿。

同样，在国外，派通公司也做了相当多的宣传工作，比如在泰国及香港。宣传工作做足后，岩井又为公司设计了专用的商品包装纸，之后便开始构思设计即将推出的签字笔。最终，他决定沿用

如今的派通签字笔的大小与当年一样，但是现在我们使用的这款笔的笔帽已经是圆柱形的了。而之前这款笔的笔帽与笔身的截面都是多边形的

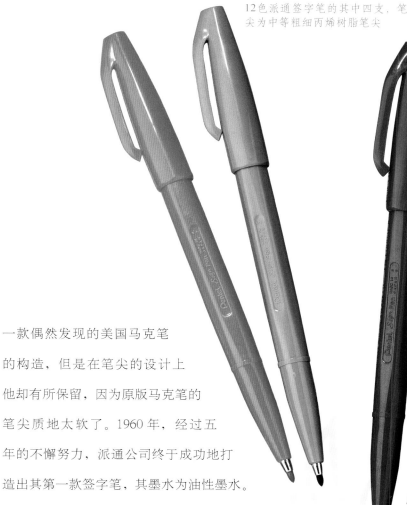

一款偶然发现的美国马克笔的构造，但是在笔尖的设计上他却有所保留，因为原版马克笔的笔尖质地太软了。1960 年，经过五年的不懈努力，派通公司终于成功地打造出其第一款签字笔，其墨水为油性墨水。

这款笔的笔尖比较坚硬，由尼龙纤维与树脂混合制造而成，在制造的时候，提高了温度。之所以提高温度，是为了使笔尖上的蜂巢结构更加丰富，这样也便于笔尖通过毛细原理从笔芯中汲取墨水。而后，为了解决墨水在纸上渗透面积过大的问题，公司在水质墨水中加入了油性成分。

1961 年的夏天，岩井开始了艰苦的设计工作，他想设计出一款区别于之前任何一款水笔且无法再被模仿的笔。经过长时间的努力尝试，他终于做出了设计终稿：这款笔笔身截面为多边形，但是每个边角都很圆润，这样一来，笔就不会在桌子上随意滚动了。虽然有了良好的初衷，但是制笔模具的打造过程相当困难，为了制造模具，岩井甚至走访了当时东京许多的玩具模具制造者。功夫不负有心人，他终于设计

出了一款笔模，打造好的笔模是成笔的两倍长，在模子里加工好的材料被一分两半，而后组装起来就是一支完整的笔。然而，制造之初，这款笔的组装并不理想，因为做出来的两半笔身大小总不一样，笔身和笔帽间的空隙使得笔尖无法处于一种密封状态，这样一来墨水很快就干了。经过一年的调整，公司终于成功地出品了第一批签字笔。这款笔共有三种颜色：黑、蓝、红。开始的时候，只有笔尾的塞子显示墨水的颜色，不久，笔厂将整个笔身的颜色全部换成笔身内部墨水的颜色。

在日本，这款签字笔无疑是一项巨大的成功。接着，在 1963 年夏天举办的芝加哥万国博览会上，崛江幸夫代表公司与美国的一些大型商场签署合约，签字笔便远渡重洋，来到了美国。到了 1964 年的 2 月，派通的签字笔在美国已经卖出了 80 万盒！甚至当时的约翰逊总统都在使用这款笔！

第一支走珠型签字笔

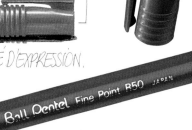

直到 1973 年，市场上出售的一次性笔只有比克出品的圆珠笔以及派通于 1963 年制造的签字笔。事实上，从 20 世纪 60 年代末，派通公司便一直致力于将传统的毛笔与现代的书写工具相结合，于是才有了我们如今普遍使用的签字笔。

1970 年，派通推出了走珠（Ball Pentel）系列。一支好的走珠笔，不论书写速度多么快，其墨水供给都必须充足且稳定，于是，公司研究开发了一种特殊的墨水，并利用毛细吸水原理向笔尖的走珠供墨。笔身内装有纤长的笔芯，其直径及长度决定了这款笔笔身的粗细程度。笔芯由氯乙烯制成，从笔身后端插入并微微探出笔的前段，探出的部分经过切削呈现出笔尖的形状。这款笔的走珠由硬质合金制造，上面有一道纤维质地的墨水供给槽，加工好的走珠被嵌入在一个软质塑料轴衬中。这款笔的笔帽设计比较独特，笔帽底端有五道凹凸有致的环状条纹，除了增加美观度以外，还便于人们开关笔帽。在笔身颜色的选取上，派通公司选择了柔和的绿色，旨在彰显他们的笔

是绿色环保的。此后不久，派通公司又在笔帽与笔夹的衔接处加了一个代表墨水颜色的小点，方便人们挑选颜色。这款笔可谓是马克笔和圆珠笔的完美结合：走珠灵活流畅，适合多角度书写；墨水采用钢笔的液体墨水，出水自如充足；此外，还可以满足人们复写的要求。派通走珠系列的笔尖走珠直径为 0.8 毫米，其储墨量可供用笔画出 2 000 米的线。

公司起初将该款笔的受众定位为学生，但是后来，这种笔在上班族中广泛地使用开来，甚至美国总统里根和法国著名女星碧姬·巴铎都乐于用这种走珠签字笔。30 年后的今天，派通的走珠系列仍然在世界上立于不败之地。

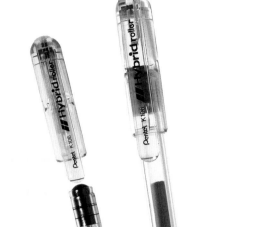

水性笔油的圆珠笔

1982 年春天，派通开始致力于研制一种拥有不褪色墨水的透明笔杆圆珠笔。事实上，公司开发这种笔就是想融合透明圆珠笔以及马克笔这两种笔的优点，以弥补彼此的缺点。圆珠笔的墨水为油性，这就造成圆珠笔在书写的时候划出的线条有时候会断断续续；而水性马克笔的墨水却又只能储存于不太美观的不透明笔杆中，这样就没法时刻观察到墨水的使用状况，同时，这种墨水的褪色状况也比较严重。

1982 年夏天，经过不懈的尝试，派通公司终于调配出了一种具有划时代意义的墨水——水油混合啫喱型墨水！这种墨水极其防水且抗紫外线照射，虽然这种墨水比较黏稠，但是当它流出笔尖的时候相当顺滑流畅。制造好墨水后，派通又开始紧锣密鼓地设计透明笔身，这样，在使用这种笔的时候就可以清晰地看到墨水的使用情况了，为了和笔身匹配，

公司把笔帽也设计成了透明的。但是，还有一个很大的问题需要解决，就是这种啫喱状墨水如果接触到空气的话很快就会变干，也就是说这种笔的笔尖走珠在不用的时候一定不能长时间地接触空气，所以，公司开始寻找一种方法来设计一种特殊的笔帽，这样在笔不用的时候，笔帽就可以很好地保护笔尖以防墨水变干了。

最后，在一位塑料瓶塞制造者的建议下，公司选取了一种软质塑料安置在笔帽内部顶端，当盖上笔帽时，笔尖的走珠就会被这一柔软的材料保护起来。

1987 年，该款笔首先在日本九州岛推广使用，1989 年 4 月，在全日本推广。1990 年 1 月，这种混合啫喱（Hybrid Gel）笔出口至法国。这款笔墨水颜色丰富，有荧光、彩色粉笔及金属光泽几个系列。

这款混合啫喱笔集合了圆珠笔和水性马克笔的优点，虽然墨水的配制相当复杂，但是确实相当好用

漆艺钢笔的鼻祖

帝王系列钢笔之所以成为帝王就是因为其尺寸相当罕见（长17厘米，直径为2厘米）。图中这款寺庙塔（Pagode）笔是1990年生产的帝王系列中的一款

1918 年，并木良辅及和田正雄二人在日本成立了百乐（Pilot）制笔公司。之所以选取"Pilot"作为公司名称，主要是二人想在书写工具制造领域闯出一片天地，因为"piloto"这一词在日语里指"领路的旗舰"。该品牌的商标形状如一个救生圈。

起初，百乐只生产木质笔杆、滴管式上墨钢笔、安全笔以及活塞式或拉杆式上墨钢笔。

1925 年，随着西方风潮对日本的影响，两位公司创始人意识到一定要与时俱进，在自己的产品上多做创新。那时候，制作钢笔笔杆的硬质橡胶随着时间的推移及光线的照射会慢慢褪色，于是，并木便想到了一个办法，就是把漆艺运用到笔身装饰上，当时，他开发了一种技术——将生漆加入黑色硬质橡胶中——并申请了专利，名字就叫"Laccanite"。不久，他又决定利

用莳绘艺术对这种漆笔进行修饰，为此，他找到了当时日本的莳绘大师松田权六。莳绘是日本独有的工艺，它的基础其实就是唐朝传入日本的中国漆器工艺，日本人在此基础上融汇了朝鲜的螺钿工艺和越南的粘贴工艺形成了现在的日本莳绘艺术。莳绘师松田权六技艺高超、手法灵巧，他所做的莳绘漆笔在世界上可以说是最为细腻精致的。

当时，在西方风潮的席卷下，不少日本本土公司都致力于保护传统文化与技艺，并木也十分赞成这点，并委托松田权六在公司内部开办了一个名为国光会的艺术学校，公司的第一批漆器莳绘笔就是在这里生产制造的，之后便被出口国外，带来了不小的成功。

1926 年，百乐在纽

帝王系列钢笔的金制笔尖细节

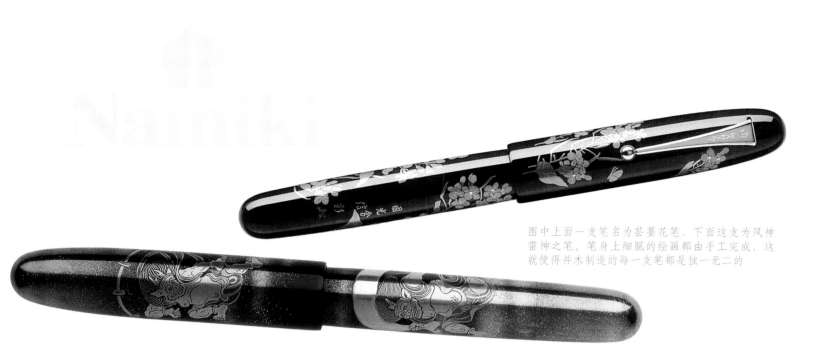

图中上面一支笔名为芸薹花笔，下面这支为风神雷神之笔。笔身上细腻的绘画都由手工完成，这就使得并木制造的每一支笔都是独一无二的

约、伦敦、上海以及新加坡成立了分公司。当时，著名品牌登喜路的创始人艾尔弗雷德·登喜路被这种美妙绝伦的笔深深吸引，于是向百乐公司取得了这款笔在法国销售的权利。他希望将钢笔冠上自己的品牌名，但遭到和田的强烈反对。在欧洲及美洲市场上，并木和登喜路这两家公司达成以下协议：钢笔将标上"Dunhill-Namiki Made in Japan"（登喜路－并木日本制造）字样发售。据说这一合约在第二次世界大战后便结束了。如今，登喜路－并木钢笔在收藏界相当稀有，也十分难求。多少年来，钢笔的上墨方式交替更迭，但是，不管是滴管式上墨，还是拉杆式上墨，登喜路－并木品牌的钢笔却总是那样美丽高贵。

国光会一直以弘扬传统漆艺为己任，并且制造出了不少质量上乘的杰作，从其中的一款帝王（Empereur）系列钢笔就可见一斑。这款笔相当大：长17厘米，直径为2厘米。龙野（Tatsuno）先生曾这样评价："正如并木出品的众多莳绘钢笔一样，这款笔的笔身上的漆饰光滑完美，颜色浓重深邃，每一笔、每一根线条都刻画得细致入微。然而帝王系列更有一点出奇之处，就是这款笔的尺寸相当罕见。这款笔笔身呈雪茄状，为拉

杆式上墨钢笔。笔身上的山水漆饰气势恢弘，笔法细腻且完美无瑕，是莳绘钢笔中的不二精品。"

1918年至1924年百乐位于东京的店铺

超前沿科技

右图为开普莱斯钢笔的宣传广告。图中的猎豹瞬间伸出自己的利爪，就如同开普莱斯钢笔可以轻松快捷地伸出金制的笔头

第二次世界大战后，百乐不再仅仅满足于在笔身美观上做文章，也开始了在技术层面上进行深入研究。

从1918年建厂至今，百乐推出过不少令人印象深刻的笔，细数起来得用很大的篇幅，比如1955年出品的超级百乐（Pilot Super），笔尖呈指甲形，采用按钮式上墨系统；还有1957年出品的超级500（Ultra Super 500）系列，金制笔尖相当宽大。不过无论怎样省略，这款开普莱斯（Capless）钢笔是绝不能被忽略的。这款笔制造于1964年，但起初被命名为"CN 500"，直到1967年，该笔才被冠名为开普莱斯钢笔。可以说，这支钢笔的构造相当复杂，它没有笔帽，想要书写的时候，按动尾部的按钮就可以了，小小的笔尖从笔身前端的小孔里伸出，"咔嗒"一声，就完成了出笔的动作，就像常用的圆珠笔一样。小孔内部有一个小小的暗门，密封度很好，不会使人有笔尖干涸不出墨的担忧。自初次发布之后的30年中，这款笔都排在销售榜榜首，居高不下。其精细的做工及精巧的设计使得没有第二款笔可以与它相匹敌。

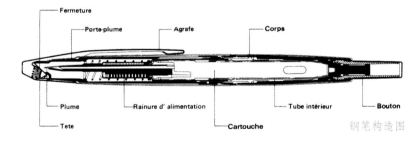

钢笔构造图

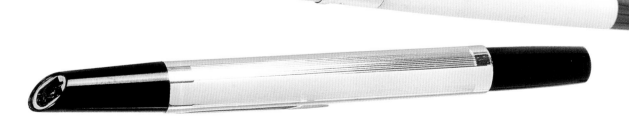

上面一支笔为1964年生产的第一款开普莱斯钢笔，下面一支笔为如今仍在出售的开普莱斯钢笔

高科技设计

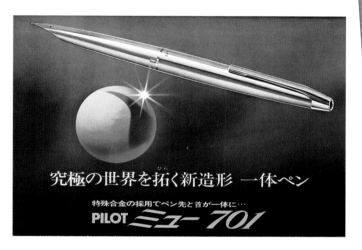

1971 年，百乐推出了骨螺（Murex）系列钢笔。骨螺，是一种生活在地中海海域的带壳类腹足软体动物。在西方，这款笔被冠以骨螺一名，而在东方，这款笔则破命名为"MU 701"，主要为了纪念 1970 年日本 MU 系列火箭的发射。但是由于发音上不能很好地与其他国家的发音规则吻合，便最终完全改名为骨螺了。

这款笔笔身呈流线型，由一整块不锈钢切削而成，最后打造出来的笔相当符合现代审美标准：明晰、纯然、简洁。可以说，这款笔是工业美学的完美代表。打造这款笔的设计师伊户（Ito）不单单拥有精湛的工艺技术，而且对精密的

著名的骨螺系列钢笔于1985年停产。于是，在钢笔收藏界掀起了一股拍卖热潮

工艺装备也相当了解，唯有如此，才可以打造出这样一款独一无二的钢笔。

骨螺系列钢笔如今被众多收藏者奉为圣物。但是，相当遗憾的是，这款笔在 1985 年便停产了，制造该笔的成套工具也全部被毁坏，当年打造这款笔的设计师也悄无声息地离开了笔厂。

1970年在日本的MU 701型钢笔的宣传广告，这款钢笔在西方被命名为骨螺系列钢笔

出色的美术字笔

12色平行笔将带给你无尽的色彩享受，从最明快的色调到最幽暗的色调，应有尽有

作为日本的制笔巨头，百乐一直在努力创新，他们不但首次将液体墨水应用到一次性笔中，还发明了墨水调节器，改良了碳化钨笔尖走珠，使得笔尖走珠更加不易变形。公司此后还推出了第一支细线（Fine Liner）笔。1984 年，公司推出了第一支一次性墨水笔，V5 系列；1992 年，该品牌又推出了啫喱型墨水笔，G1 系列；然后又制造了第一支笔尖可伸缩的啫喱型墨水笔；之后便是世界上最细的圆珠笔，G TEC 系列……从建厂至今，百乐制造的好笔不胜枚举，更不要说当年并木制造的那些巧夺天工的莳绘钢笔了。

之后，百乐再一次用它的平行笔（Parallel Pen）吸引了无数人的眼球，这支笔既没有钢笔的笔尖，也没有圆珠笔的走珠，其笔身前段一段呈方形的空心钢片，空心部分有几个微小的墨水管，墨水便从此处流出。利用这种笔，我们可以绘制出不同粗细的线条。平行笔的笔头有四种型号，绘制出的线条宽度在 1.5 毫米到 6 毫米之间，每包出售的平行笔中都带有墨水囊，有了它，写出漂亮的哥特体美术字便不在话下。

百乐平行笔的笔头有四种型号

笔尖可伸缩的圆珠笔的鼻祖

1932年的宣传广告

普尔曼流星35号钢笔的笔身设计复古，但是，其可伸缩笔尖的设计又相当现代

1916年，巴黎储水笔制造厂成立于法国巴黎，1921年正式更名为金笔尖制笔公司，20世纪40年代，公司迁往楠泰尔。他们以流星作为品牌推出了一系列知名产品，如书写工具所必需的金制笔尖。该厂出品的第一批钢笔其实和当时一些法国制笔品牌所出品的钢笔大同小异，不是传统的滴管式上墨钢笔，就是安全笔。直到1932年，公司推出了一款笔，可谓绝世之作。这款笔名为"普尔曼流星35号"，1935年开始在市场上销售。普尔曼流星35号钢笔的设计相当新颖，摒弃了传统的笔帽设计，在笔的顶端设有一个配有合页的小盖子，当我们按动笔尾的时候，那个带有合页的小盖子就会打开，而金制的笔头就会显露出来。这支笔的使用相当方便，只用一只手就可完全掌控自如，免去了脱笔帽的麻烦。如今不少圆珠笔的设计都参考了这种笔尖可伸缩的钢笔。普尔曼流星35号钢笔为硬质橡胶笔杆，有两种颜色：纯黑或大理石纹路红色。

20世纪30年代，金笔尖制笔公司的事业达到了巅峰，然而，不幸的是，随着圆珠笔对钢笔市场的冲击，这家公司便如同法国其他制笔公司一样，在1956年永远地消失了。在公司不算悠久的制笔历史中，曾涌现出无数的高质量书写工具，它们不但质量上乘而且设计精良而又独特，其中最为出色的就是这支普尔曼流星35号钢笔，之后的不少公司都从中汲取灵感，设计了自己的经典钢笔，比如奥罗拉的星型（Astérope）钢笔以及日本百乐出品的开普莱斯钢笔。

只需轻轻按动笔尾，钢笔顶端的活门就会打开，笔尖就会露出

难以置信的成功之路

1945 年，米尔顿·雷诺兹（Milton Reynolds）在阿根廷旅游时发现了比罗圆珠笔。当时，他在布宜诺斯艾利斯的一家小店中买了半打左右的比罗圆珠笔，然后就匆匆离开返回了美国。到了美国后，还没停稳脚步，他便邀请了众多设计师及技术人员一同研究这种笔，并要求大家尽快设计出一款圆珠笔，于是，这个关于圆珠笔的传奇故事便拉开了帷幕。

此前不久，威尔－永锋公司下重金打算购买比罗圆珠笔的专利用以研制自己品牌的圆珠笔。但是比罗圆珠笔专利实际保护的是他们所研制的墨水供给方法，而不是圆珠笔本身。所以，如果雷诺兹打算也制造圆珠笔的话，只能考虑开发一种新的给墨系统。他当时选用了铝制的储水芯来储存墨水，储水芯内浮有一个塑料活塞，以防笔芯上部漏水。这无疑是对威尔－永锋的致命一击。

1945 年 10 月 29 日，美国的各大杂志都争相报道这种笔即将上市，无数的宣传广告中，我们都能看到这句话："这就是大家一直在说的那种神奇的笔！"

左图是为米尔顿·雷诺兹创造了销售奇迹的著名圆珠笔。下方这张草图为我们展示了1945年至1948年期间该厂圆珠笔的演变

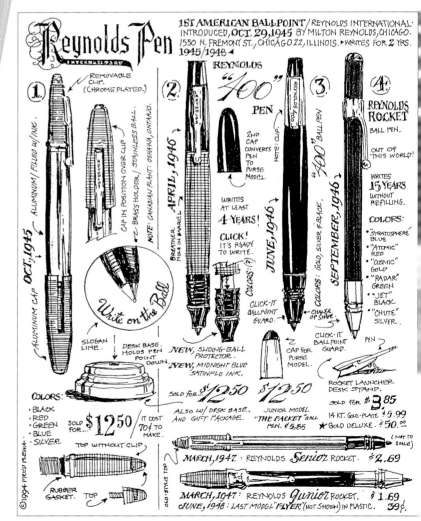

29 日早上 9 点，百货公司门口便开始人头攒动，数以千计的人都蜂拥至此等着商店开门，以至于店家不得不叫警察来控制局面。上市的第一天，这款圆珠笔便销售出了 10 000 支。当时，为了做好广告宣传，雷诺兹专门组建了一个广告公司为其品牌的笔做广告，而这个广告公司也不负众望，打出的广告吸引了大批购买者。广告内容是这样的：这支笔至少可以让您安心使用两年，因为它不用频繁地换笔芯。当时，不少购买者都被这支新型的圆珠笔诱惑，准备不惜重金购买它。雷诺兹的原则就是以最低的成本造笔，以最高的价格卖笔。当时，他制造一支圆珠笔的成本价不足 1 美元，售价却高达 12 美元。在接下来的一周内，25 000 支圆珠笔被抢购一空，上市一年的时间内，该笔销售量为 800 万支。

但是，说的往往比做的好，雷诺兹的笔不但时常需要换笔芯，而且漏墨及墨水干涸的状况屡有发生，漏出的墨水有时弄在衣服上，脏得一塌糊涂。每天，

都有上千的购买者把坏笔退回工厂。虽然如此，雷诺兹还是打出了更多更为疯狂的广告，甚至说该品牌的圆珠笔可以在鳄鱼皮肤上写字！但是，不管广告多么花哨，购买者们不会再上当了。雷诺兹不得不开始低价出售仓库里积压的产品。几年之后，他才真正建立起一片自己的天地。

1945 年，旅行途中，米尔顿·雷诺兹在法国遇到了埃德蒙·勒尼奥（Edmond Regnault），后者自 1927 年以来便开始生产笔类。此后，这家法国公司逐步地购买了雷诺兹的所有专利及制造权，慢慢演变成了如今我们所熟知的雷诺兹。

华特·犀飞利依靠着他发明的
拉杆式上墨系统在钢笔制造界
做出了很大的革新

至关重要的一项发明

华特·犀飞利（Walter Sheaffer），1867年7月27日生于美国爱荷华州布卢姆菲尔德。他的父亲是一位珠宝商，由于家庭状况，华特·犀飞利没有念完高中就离开了学校，开始在森特维尔学习有关珠宝生意的基本知识。1888年，他回到故乡，同父亲结成生意合伙人。1906年，华特·犀飞利在爱荷华州麦迪逊堡购得一家珠宝店。一年后，也就是他40岁的时候，他无意间在一份当地的报纸上看到一条关于康克林自动上墨钢笔的广告，那时候，相当大部分的钢笔都用滴管式上墨系统，还很少有这种自动上墨系统的钢笔。看到这则广告后，华特·犀飞利便开始考虑，他觉得康克林所设计的新月式上墨系统虽然方便，但是却不太美观。于是，他便设想用一个拉杆来替换掉康克林笔身上那个复杂的新月形结构。

想到这一方法后，犀飞利便在珠宝店后面的一间小作坊里开工了。1908年，犀飞利终于制造

完工，并于8月25日申请了专利。1912年，他又在原有基础上对其设计的上墨系统做了改良，并重新申请了专利。华特·犀飞利不光在设计方面很有一套，同时也相当有经济头脑，在他的管理下，珠宝店的生意蒸蒸日上。他开始考虑进入钢笔市场，不过，他多少还是有些犹豫。之后，他遇见了曾为康克林工作过的两位销售人员G.克拉克尔（G.Kraker）和B.库尔逊（B.Coulson），和这两人的见面可谓具有决定性

制笔巨头犀飞利的冒险就在这里开始。20世纪初，就是在这个爱荷华州麦迪逊堡的小珠宝店中，华特·犀飞利开始了他的钢笔制造生涯

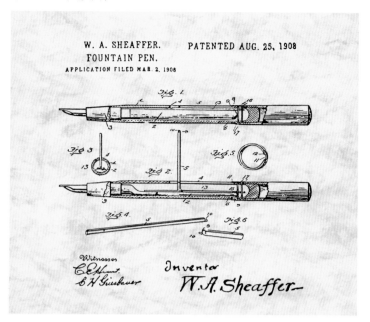

意义。犀飞利把所有的资产都投入到了制笔事业中，同时也把之前的小作坊改造成了钢笔制造车间，而那两个前康克林销售人员则被委托在堪萨斯城开设了一家犀飞利专卖店。该品牌出品的第一批笔均为手工制造，当时制造车间只有 7 名工人，连犀飞利的儿子都一起帮忙用锯条切割钢笔上墨需要的拉杆。1913 年 1 月 1 日，华特·犀飞利与 G. 克拉克尔和 B. 库尔逊合作，成立了 W.A. 犀飞利制笔公司。

然而，犀飞利制笔公司的发展之路并不一马平川，公司不得不和一些侵犯他们专利权的大公司展开斗争。1918 年，华特·犀飞利终于获得允许，在报纸上用了很大篇幅声明他们是拉杆式上墨系统专利的唯一拥有者，任何仿制过他们产品的公司都必须向他们支付专利使用费或者停止生产。

图中这款笔制造于1914年以前，使用拉杆式上墨系统，这支笔的笔夹为14k金，笔身上的图案为纯手工雕刻

享受终身保修的钢笔

1924年至1926年间制造
的永生系列钢笔

1920 年，华特·犀飞利推出了一款名为永生（Lifetime）的钢笔，在钢笔界引起了不小的轰动。这款奢华的钢笔售价比普通钢笔贵三倍之多，但是同普通钢笔不同——就像它的名字一样——这支笔享受终身保修。这支笔的笔尖为 14k 金，前面嵌有铱粒，铱这种金属的质地相当坚硬，有了它，本来质地柔软的金制笔尖就变得不易磨损。

华特·犀飞利相当注重该笔的质量，并且在制造这款笔的时候相当用心，尽管这样做会使成本提高。在他眼里，卖出一支价值十美元的笔远远胜过卖出十支一美元的笔。功夫不负有心人，很快，永生钢笔便获得了巨大的成功，并且在美国钢笔市场上成为数一数二的老大。

第一批永生钢笔笔身为硬质橡胶质地。但是，1920 年开始，公司便不断研究，希望找到一种可以使笔身的颜色能够持久如新的材料。这款笔的墨水被装在笔身中的一个橡胶囊中，因此，笔身

的材质便不用像之前那样需要抗墨水的腐蚀，在众多颜色的材质中，黑色硬质橡胶抗腐蚀的能力最强，但是，如果我们不再强调笔身材料的抗腐蚀性，那么我们便可以自由地在笔身颜色上大做文章了。起初，公司选用了塑料材质，但是塑料在高温下容易膨胀，于是，这一材料便被放弃了。最终，公司选用了硝化纤维这种材料，硝化纤维是一种含有硝化纤维素的塑料材质，由杜邦集团的耐穆尔研制而成，它比普通的硬质橡胶还要坚实，更可贵的一点是这种材料的颜色相当丰富。1924 年，公司利用这种材料制造了第一支永生钢笔，这款笔笔身颜色为靓丽的玉石绿色，两年以后，陈旧的硬质橡胶被彻底放弃使用。

1924 年，犀飞利还推出了一款白点（White Dot）系列钢笔，笔身上的白点为手工加入，代表这款笔享受终身保修。

犀飞利推出了多款办公室用永生系列钢笔，这些钢笔都没有笔帽，其笔尖可以插在办公桌上配套的笔座里

流线型的笔身

1929年制造的电话拨号器
（Telephone Dialer）系列

20世纪20年代，各大笔厂在技术创新领域都没有什么新的想法了，然而，赛璐珞这种材料的引入又为钢笔制造业带来了新的希望，从此，之前朴素暗淡的钢笔便有了鲜亮多彩的颜色。20世纪30年代，众多笔厂在笔身设计上下足了功夫。

1930年，华特·犀飞利推出了著名的平衡系列。这款笔的笔身就像一架无翼的飞机，笔身修长，线条由笔身正中至钢笔两端逐渐变细，这种款型被称为流线型。

平衡系列可谓是流线型笔身钢笔中的杰作。笔身形同纺锤，两头渐尖，上墨用的拉杆被装到笔身内部，这就更使得它的线条柔和流畅，拿在手中，给人以一种独特的舒适感。

在推出平衡系列钢笔的时候，犀飞利公司选用了一张飞行员查尔斯·奥古斯都·林德伯格拍摄的照片作为该笔的广告。典雅、纤长、握笔舒适、书写流畅，平衡系列钢笔以其独特的个性在钢笔历史上书写下了浓重的一笔，也开创了流线型钢笔制造的先河。

上图为1930年的宣传广告。下图是名为白点系列的一款钢笔。这款笔的笔帽上有一个白点，代表这款笔享受终身保修

有史以来结构最复杂的钢笔

1953年经济款橄榄绿色英勇潜艇（Valiant-Snorkel）钢笔，其笔尖材质为钯

第二次世界大战期间，钢笔生产速度缓慢，为了战争需要，犀飞利公司不得不开始生产军需物品，其生产的一些书写工具也都是专门为军队准备的。就是在这种情况下，公司于1942年推出了一款胜利（Triumph）系列的钢笔，这种笔的笔尖为管状金制笔尖，整支笔由林恩·P.马丁（Lynn P.Martin）设计，这位著名的设计师自20世纪30年代起便供职于犀飞利公司，在此后的30年中，他利用自己的无限才华为公司设计了一批质量上乘、设计精良的钢笔。1949年，他同设计师威廉·E.L.邦恩（William E.L.Bunn）共同开发了一种具有划时代意义的上墨系统：轻压式（Touchdown）上墨系统；此后，二人又于1952年设计推出了潜艇式（Snorkel）系列钢笔，林恩·马丁主要负责技术方面，而威廉·邦恩则主要负责笔身的美观装饰。

"Snorkel"一词的本意为潜艇换气装置，这一装置可以帮助潜艇在水下输入新鲜空气，排出燃烧后的废气。犀飞利公司考虑利用这个原理设计一种上墨方式。

潜艇式上墨系统其实是犀飞利轻压式上墨系统的延伸，其机械原理就是气泵的工作原理，排出墨囊内部的空气进而将墨水通过笔舌吸入墨囊。不过，犀飞利又将轻压式上墨系统加以改造完善，使整个上墨过程更为简单方便。给钢笔上墨的时候，首先要旋动钢笔尾部的尾帽，内部连动的弹簧会

德怀特·D.艾森豪威尔（Dwight D.Eisenhower）总统的夫人正在用一支潜艇式钢笔进行书写，照片拍摄于芝加哥，当时正是晚餐时间

Mrs. Dwight D. Eisenhower takes time out from the recent Republican $100 a plate fund raising dinner in Chicago to write a note with her Sheaffer Snorkel pen.

钢笔吸水金属通气管细节

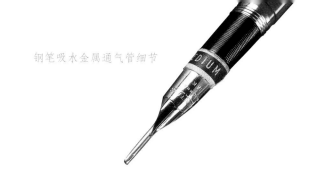

将钢笔前端的呼吸管推出。然后，我们只需将呼吸管浸入墨水中，拉出钢笔尾杆，而后再压下，内部储墨囊的空间便会变小，空气压力增大后会挤压墨囊，这样一来呼吸管就会吸入墨水，上墨完毕后只要旋紧钢笔末尾的尾帽即可。由于钢笔上墨的时候有这样一个长长的呼吸管伸入到墨水中，这样笔尖就不会沾上墨水了，上墨完毕后也不需再准备一张卫生纸擦拭弄得哪里都是的墨水。如此一来，这内部结构复杂且有效的潜艇式系列钢笔在当时众多品牌的钢笔中脱颖而出，可以说是犀飞利品牌钢笔的杰出代表作之一。这支钢笔刚推出之时，犀飞利公

司便投入最大的力量为其打出广告宣传，有机玻璃制造的透明样品向人们清晰地展示了笔身内部复杂且有效的构造。20世纪50年代，这款潜艇式钢笔的销量甚至超过了派克品牌的钢笔，成为市场上的佼佼者。

图中这支笔为有机玻璃制造的样品笔，销售者在出售钢笔的时候便利用这款笔向购买者展示其内部的轻压式上墨系统及潜艇式上墨系统，有了它，顾客们便可以清晰地了解到这种复杂的上墨系统的工作原理了

无可挑剔的绝世精品

1959 年，犀飞利推出了一款笔身粗壮的潜艇式上墨钢笔，如今，这款笔被众多钢笔收藏者奉为该品牌的最佳珍品，即著名的犀飞利男性用笔（Pen For Men），简称PFM。作为犀飞利品牌顶级笔款，PFM 无论从笔尖外形设计，还是上墨系统，都堪称犀飞利里程碑式经典。第一批镶入式金制笔尖外观个性十足，并且在书写时不似胜利系列的笔尖那么僵硬，但又能保持胜利系列笔尖的坚固性，笔尖顶部由锇铱合金加固，使得书写既顺滑又流畅。

犀飞利PFM 钢笔的嵌入式笔尖

犀飞利这款 PFM 钢笔是由公司的首席设计师威廉·邦恩设计制造的。这款笔张扬着难以抗拒的男性气息，笔身粗壮，笔夹宽大简洁。空间加大了，储墨量也提升了不少。可以说，PFM 钢笔的价值相当高。

犀飞利 PFM 钢笔共推出了九款。第一款名为

PFM 1，其笔帽和笔身均为塑料材质，笔尖材质为钯。另外几款也都由其制造材料进行区分：拉丝钢制成的笔帽、亮金属笔帽、镀金笔帽、金制笔尖，等等。其中最为奢华的一款非PFM 杰作（PFM Masterpiece）钢笔莫属，其笔帽、笔身以及笔尖都是 14k 金制。

犀飞利的潜艇式上墨 PFM 钢笔可说是钢笔界最后的经典，之后，再也没有看到如此用心的设计了！

PFM 2钢笔，其笔身为塑料材质，笔帽为拉丝钢制造，该款式还推出了自动铅笔

这款塔尔加系列包括钢笔及圆珠笔

书写工具中的经典

1976 年，犀飞利开设了一条钢笔生产线用以生产一款造型典雅华贵的钢笔：塔尔加（Targa）系列钢笔。这款笔的笔尖仍为漂亮的金制嵌入式笔尖。笔身造型简洁流畅，为直线型，笔夹为矩形，而每支笔却又有其与众不同的地方，那就是每支笔的笔身装饰各有千秋。1977 年，这条生产线不再仅限于生产金属装饰笔身，也开始生产生漆涂层笔身，这

一创新获得了不小的成功。此后，公司又推出了更多的笔身加工工艺，甚至很多笔可以说就是一件璀璨的珠宝，因为笔身上镶满了名贵的宝石。

1992 年，在法国著名珠宝匠弗雷德（Fred）及犀飞利公司的通力合作下，一款装饰精美、外表饰有钢线的塔尔加系列钢笔及圆珠笔出炉了，这也代表着公司进入了设计创新的新纪元。塔尔加系列钢笔中不乏精品，其中帝国纯银（Imperial Sterling Silver）钢笔及帝国黄铜（Imperial Brass）钢笔均可称得上是上品，这两款笔其中一款的笔帽顶端有一块色泽柔和的乳白石，另外一款的笔夹则镶嵌满了璀璨的钻石。1982 年，犀飞利又出品了一批笔身较为修长的钢笔。可以说，塔尔加系列钢笔颜色多样，笔形各异，是世界书写工具中的经典之作。

犀飞利公司推出的一系列钢笔配件。其中有该公司著名的斯克里普（Skrip）墨水。这种墨水和犀飞利出品的钢笔一样，都具有浓厚的传奇色彩

绝妙的蛋壳碎纹马赛克装饰

1992年S.T.都彭公司所生产的"钢笔"（Porte Plume）系列中的一款笔

可以这么说，在众多钢笔制造商中，S.T.都彭的发展之路是最不寻常也最不典型的。1846年，弗朗索瓦－蒂索·都彭被委任为拿破仑三世的御用摄影师，他的侄子西蒙－蒂索·都彭（Simon-Tissot Dupont）后来接任了他的职务，并在接手工作后，开始研究制造高档皮具，如皮包及钱包。1872年，西蒙－蒂索·都彭创建了自己的公司，即如今的S.T.都彭公司。1884年，年轻的西蒙便被当时的时尚潮流典范杂志《卢浮宫》推举为当代皮具设计大师。1920年，S.T.都彭已经雇佣了250名员工，它的部分生产车间被转移到了上萨瓦省的法韦日地区。此后，尽管公司只生产数量很少的奢侈品，但其规模一直在不断扩大，同时也邀请了不少艺术家入驻公司，比如：金银首饰匠、雕刻家、格状纹饰雕刻师、漆艺匠人、水晶玻璃器皿雕刻工匠、上釉工匠、皮革工匠等。

起初，S.T.都彭致力于制造高档皮具

及手提袋，其产品深受当时绅士贵族的欢迎，一时蔚为风潮。1929年，虽然爆发经济危机，但还是有不少名流贵族钟情于S.T.都彭越来越奢华的产品。1939年，由于战事，产品销售市场一度萎靡，之后原材料匮乏的情况也使得S.T.都彭公司的奢侈品制造变成无米之炊。

于是，西蒙的两个儿子吕西安·都彭（Lucien Dupont）和安德烈·都彭（André Dupont）开始寻求开发一些制造起来用到原材料较少的产品，最终，他们找到了定位，就是伯蒂亚拉土邦主随身手提袋中的一只金制煤油打火机。公司首先将其再版，打造了一只铝制打火机，其中也有几款使用中国漆艺装饰。1947年，S.T.都彭打造了其历史上的最后一款皮箱，这套旅行箱

盖茨比系列打火机，机身上装饰了著名的蛋壳碎纹马赛克

是为了庆祝英国女王伊丽莎白二世与爱丁伯格公爵大婚而设计的。两年之后，S.T.都彭将所有精力都转向打火机制造。刻有格状花纹的黄铜代替了之前的铝，打火机机身上的金银饰也变得越来越精细考究。1973年，已经成为世界顶级奢华打火机制造商的S.T.都彭公司推出了一款圆珠笔，这款圆珠笔为银制并包有珐琅，次年，公司又推出了该品牌的第一支钢笔。当时，S.T.都彭将书写工具定为自己品牌的重头生产产品，同时也开始不断地推出自己的限量版名笔。

S.T.都彭相当重视产品的质量及良好的声誉，并且也十分重视采用传统的工艺，为此，他们也一直在寻找真正的传统技艺大师。他们生产的笔仅制造工艺就有140道工序，而笔身通常是铜制的，以增加强度和重量。1992年，公司设立了一条名为"盖茨比"（Gatsby）的生产线，主要生产打火机、袖扣及钢笔，而这条生产线所生产的产品都有一个显著的特征，就是其表面上都有鸡蛋壳碎纹状的马赛克装饰。这种装饰工艺相当奇特且稀有，是S.T.都彭的独创。生漆层首先被弄碎成小块儿，之后再一片片地镶嵌在产品表面，最后再进行抛光处理。由于中国漆艺中没有白色的生漆，公司制造这一系列产品的生漆不论如何过滤，最后都带有一点黄色。完成这一细致工作的大师是奥尔加·阿卢瓦·佩里亚戈（Olga Aloy Periago），她曾在巴塞罗那漆艺艺术学院及日本学习漆艺。在公司的要求下，她设计了一款装饰简洁的笔，这款笔笔身上的马赛克图案简练明快，上面的漩涡状装饰的艺术灵感来源则是著名建筑师安东尼·高迪（Antoni Gaudí）的作品。这支笔为S.T.都彭创造了一个具有几何美感的标志，此后该品牌的所有产品都带有此标志，就是大家耳熟能详的双椭圆饰。

空气、水、土壤、火四元素

S.T.都彭公司推出的元素系列钢笔，每支钢笔的笔夹上都镶嵌有两颗闪亮的钻石

自 1872 年起，S.T. 都彭公司便开始不断开设品位高雅且用料稀有的生产线，20 世纪 20 年代，公司开始利用中国传统的漆器工艺进行产品装饰。事实上，能够掌握这门技术，纯属偶然。1937 年，公司打出告示，本来想找一名珠宝镶金工，但是由于排版印刷错误，之前的 "ouvrier plaqueur"（珠宝镶金工）被印成了 "ouvrier laqueur"（漆工），就这样，公司阴差阳错地招来了一名白俄罗斯人，他曾在中俄战争中成为战俘，并在那段时间里学会了古老的中国漆艺。中国漆艺的历史可以追溯到公元前 2000 年，在公元 17 世纪，即明朝时，这项技艺达到了顶峰，其影响甚至已经到达了欧洲。漆艺所使用的生漆是由亚洲一种漆树上采集

下来的汁液制成。生漆的调色工序相当复杂，公司对这种生漆的加工细节秘不外传。

1995 年，S.T. 都彭公司推出了一套四支的限量版钢笔，并命名为元素（Éléments）系列，里面的四支笔分别代表空气、水、土壤、火四种元素。每支笔都用半透明的中国生漆涂制，共有四种颜色：带有金粉的褐色象征土壤；尼罗河绿色象征水；穿插于金色中的火红色代表火；透彻的天蓝色象征空气。

元素系列钢笔笔身上所用到的生漆均来自一种在亚洲生长的漆树。通常人们要花五个月的时间才能采满一竹筒汁液。采集好的汁液遇到空气后会慢慢变得浓稠且发出光泽

永无止境的竞争精神

什蒂普洛公司正式创建于 1992 年，其公司名称"Stipula"来自于拉丁语中的"Stipulari"，这个词的意思就是：在条约或契约文件中，规定一项条款。事实上，什蒂普洛公司的历史始于 1973 年的佛罗伦萨，当时该公司主要是给畅销的皮货商品生产小件饰品，后来便开始涉足办公用品及礼品生产。1982 年，公司生产了首批钢笔，由当时几家知名公司代售。1989 年，公司的业务主要都转到了钢笔生产上。直到 1992 年，公司决定以"Stipula"作为自己的品牌商标，销售自己生产的钢笔。

什蒂普洛一直致力于秉承佛罗伦萨地区特有的技术工艺，并将其与现代工艺相结合，以使自己生产的钢笔更具独创性。什蒂普洛形容他们工作起来像两个灵魂连在一起一样，充满生气的"孙子"采用最先进的技术，但是他的一切工作都由智慧过人、见多识广的"祖父"进行监督，这也就是什蒂普洛所注重的现代工艺和传统工艺的结合。他们在制造钢笔的时候往往选用从前比较流行的材料，如硬质橡胶和赛璐珞，

这款月桂钢笔共出品了两版：黄金和白金版，共198支；黄金和白银版，共398支

之后利用佛罗伦萨传统的方法进行金银等金属的雕刻，再将其装饰在笔身上，这些工序完全是纯手工进行，最后还要刻上签名或数字标号。

一直以来，一代一代的人都在同自己的命运和极限抗争着。他们坚忍不拔、勇于探索、机智过人，终于，他们胜利了，实现了自己的目标。本着这样的理念，什蒂普洛出品了一款限量版钢笔，月桂（Laurus）钢笔。这款笔上的浮雕图案由雕刻艺术家保罗·切里尼（Paolo Cerrini）亲自操刀。我们在笔身上可以看到几匹纵横驰骋的骏马，获胜的骏马身后跟着另外几匹，胜利的时刻显得无比辉煌。

手风琴式的储墨囊

图中这款303型钢笔制造于1947年至1951年间，其上墨系统在当时独一无二。此后，随着专利权的失效，不少法国制笔公司都开始仿制这一上墨系统

在钢笔发展史的黄金时期，即1925年至1940年，法国有近80家钢笔厂，其中便有著名的施蒂洛米内公司。公司前身是祖贝尔（Zuber）家族产业，第一次世界大战后，建立于巴黎尼斯街及诺夫戴布莱街34—36号。公司起初主要从事金属切割与装配，包括金属钩、手提袋挂钩、饰板、笔尖等等。此后，施蒂洛米内公司的一项发明使得它在文具生产界崭露头角。这项发明是一款活动弹簧夹子式笔夹，这款防盗笔夹适用于任何品牌的笔，不论它是硬质橡胶笔管的，还是笔尖可伸缩的，或是拉杆上墨的。

1921年，公司注册了"Stylomine"商标，"Stylomine"在法文里是自动铅笔的意思，之所以取这个名字，是因为公司在这一年开始制造自动铅笔。其生产的自动铅笔不但注重推广

广告宣传中的文字及示意图为人们展示了303型钢笔的工作原理

高新科技，还注重保持产品的高品质及专业性能，不久后便获得了极大的成功，生产量也稳步上升，1924年，公司制造自动铅笔的收入已经达到了公司总营业额的三分之二。1925年，公司推出了第一支硬质橡胶制钢笔。1930年，公司推出了著名的303型钢笔。

303型钢笔在制造上引入了很多新颖的设计，尤其是它的上墨系统。一个小型墨囊隐藏在笔身末端的一个旋帽中。拧下旋帽，数次挤压墨囊后，空气通过笔身管腔和笔尖孔排出，放松墨囊后，由于气压差，使墨水通过笔尖和狭长管腔吸入笔身，如此便完成了上墨过程。公司宣称，该款笔的装墨量是使用常规墨囊的相同体积钢笔的四倍。

这款笔的另一个新奇之处是可伸缩笔尖，在笔尖后部有一个弹簧，在笔帽内部有一个突出的小栓，当钢笔

囊，整个上墨过程只需要挤压墨囊六次即可完成。由于撤换了可伸缩笔尖，这款笔的结构趋于简单，墨水容量则一如既往地同之前推出的 303 型钢笔一样多，但是改进后的新型钢笔有一点最重要的优势：防漏。此外，这款笔还有一个优点，由于使用了玻璃管，人们便可以直观地观察墨水剩余量，这个玻璃管被置于一个简单的可移除旋帽中，该上墨系统随后配备于多种笔款上。1938 至 1946 年间，303 型钢笔有很多变种出现，其颜色均为黑色，只是在笔夹装饰上略有区别。1942 年款的笔夹上雕刻了麦穗，1943 年款的则为一串葡萄。

插入笔帽时，笔尖触动笔帽内的小栓而使笔尖缩入笔身，这项设计可以使笔尖免于因盖笔帽时产生的冲击而造成损伤。而后，该项设计被应用于该品牌的多种笔款，直至 1933 年。303 型钢笔的墨水吞吐稳定，原因在于笔尖呼吸孔与笔身的管腔，该款笔笔身切面均为方形，笔帽较短并带有笔夹。

1934 年，可伸缩笔尖停产，原因是结构过于复杂。随后，303 C 型应运而生，其外形类似于之前的 303 B 型钢笔。不久以后，公司又推出了第四款同系列产品，并命名为"庞然大物"（Mastodonte），因为它有着巨大笔身，该款笔数量稀少，对于收藏者极富吸引力。

1934 年，施蒂洛米内公司成为股份有限公司。四年后 303 V 型钢笔推出，这款笔笔身呈流线型，笔帽呈纺锤形并饰有双环及字母"V"，底部的环略宽，字母"V"代表科技的胜利。该款笔的上墨系统中，笔身尾部墨囊被换成橡胶制手风琴式墨

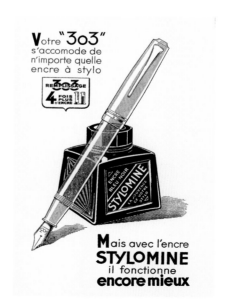

学生们青睐的笔

斯蒂潘公司在 1934 年成立于巴黎，起初公司并不叫这个名字。1952 年，公司凭借着其推出的一款学生用笔——维索笔（Visor Pen）——逐渐积累了人气。这款笔的塑料笔身为喷注模塑而成，大大减少了钢笔制造的成本。

直到 1970 年，公司才正式更名为斯蒂潘。当时圆珠笔在市场上大量充斥，导致钢笔市场相当不景气，并且，市场上出售的钢笔式样都相当老旧，笔管颜色暗淡，不是绿色就是酒红色。于是，斯蒂潘公司另辟蹊径，想到了一个绝妙的主意，就是生产一批颜色鲜亮动人的钢笔。

公司推出的第一批产品为老虎（Tigre）系列钢笔，这一系列的钢笔笔身颜色丰富，有粉色、绿色、红色、蓝色。这在当时的钢笔市场上造成了不小的轰动，不少人都对这种笔趋之若鹜，特别是赶时髦的年轻人。并且，这款笔的售价也相当便宜，只有 3.5 法郎，所以，很快这种笔就成为学生们乐于使用的书写工具。

1978 年，公司被新的股东收购。1981 年，公司更名为斯蒂潘风格（Stypen Style），继续坚持其学院风尚，每年都推出多款新产品。如今，公司还是一直秉承传统，忠实地为学生群体制造高质量的书写工具。

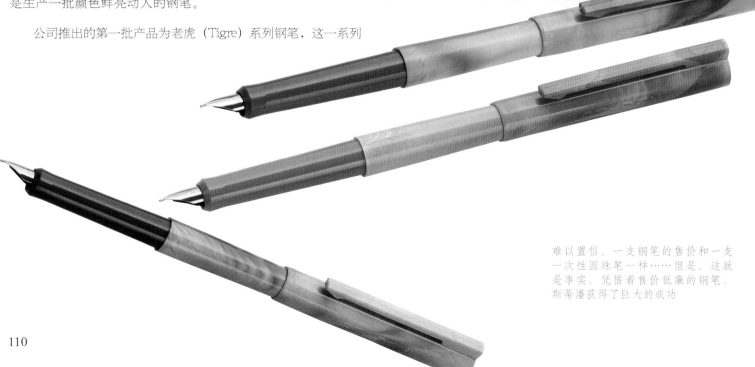

难以置信，一支钢笔的售价和一支一次性圆珠笔一样……但是，这就是事实，凭借着售价低廉的钢笔，斯蒂潘获得了巨大的成功

纪念"红色城堡"

1995年4月28日，阿尔罕布拉笔正式在"红色城堡"中展出

维斯康提公司于 1988 年创建于佛罗伦萨。公司的两名创办人丹特·德尔·维基奥 (Dante Del Vecchio) 和路易吉·波利 (Luigi Poli) 起初都是钢笔收藏爱好者，后来，二人决心将自己的兴趣转化成事业，生产自己品牌的钢笔。在钢笔生产上，他们最终决定重新恢复 20 世纪 20 年代到 30 年代间的制造传统：利用赛璐珞这种材料来打造自己的钢笔。不久，公司发现一大批储存多年的赛璐珞材料，这更激发了他们追寻传统的信念。丹特·德尔·维基奥对赛璐珞及其加工工艺进行了深入的研究，并积累了大量相关技术知识，同时，他也对加工工艺做了很大的创新。可以这样说，他们的造笔灵感及选用材料都吸收了 20 世纪 30 年代处于黄金时期的钢笔的特色，但是在工艺和外观展现上却相当先进。

维斯康提公司推出了不少限量版钢笔，而在题材的选择上，公司相当青睐利用一支小小的笔来展现世界上最为伟大的杰作。其中，阿尔罕布拉笔便是维斯康提公司最有雄心的一款钢笔。1995 年，公司决定制造一款限量版钢笔以纪念著名的古代清真寺－宫殿－城堡建筑群：阿尔罕布拉宫。这座

建筑是奈斯尔王朝的军事中心、行政中心和皇家宫殿，由王朝的缔造者穆罕默德一世于 13 世纪中叶开始建造，14 世纪竣工，1492 年被西班牙的天主教徒所占领。这座建筑群外围有高高的城墙及威严的炮楼，在风雨的洗礼下已经变得有些陈旧，但是围墙里面的亭台楼阁却大有乾坤，著名的桃金娘中庭和狮子庭都装饰得美艳绝伦。

维斯康提推出的这款阿尔罕布拉笔的构思来自摩尔建筑文化中的蜂巢状花边，这种装饰在阿尔罕布拉宫比比皆是，金制或银制的花边被嵌入在红色胶木制造的笔管上，而不是粘在上面。红色胶木这种材料自 20 世纪 20 年代以来便渐渐被人们淡忘了，但是当它用在这支限量版钢笔的身上时，便让我们想起了阿尔罕布拉宫那经历了无数风雨的高大红色宫墙。

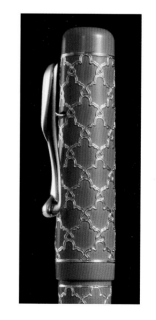

由于笔身上的金银装饰工艺相当复杂，这款阿尔罕布拉笔于 1995 年被《钢笔世界》推举为第一做工复杂之笔

世界第八大奇迹

限量版泰姬陵钢笔中最为珍贵的一支，笔身由象牙制成，笔身表面的金制花丝为18k金。这款笔共生产了88支

泰姬陵于 1631 年开始动工，历时 22 年完工，其构思和布局充分体现了伊斯兰建筑艺术庄严肃穆、气势宏伟的特点，整个建筑富于哲理，堪称一件完美无缺的艺术珍品。几个世纪以来，无数的旅游者们溯亚穆纳河而上，被它吸引至此。这个建筑界的奇迹是莫卧儿王朝最伟大的陵寝，在 15 世纪由沙·贾汗国王为其爱妃建造，陵身用白色大理石建造，在一天里不同的时间和不同的自然光线中

可以显现出不同的特色。1996 年，维斯康提公司打造了这款泰姬陵限量版钢笔，在笔身的装饰上使用了传统的金银装饰工艺。

笔管选材为黑色或酒红色天然树脂，上面装饰有精美的金银花丝镶嵌图案。

这款限量笔中最为珍贵的是一支笔管为象牙打造并饰有金丝图案的钢笔，笔身上的美妙花饰是利用印度传统花丝镶嵌工艺手工打造而成，而图案则正是泰姬陵内部墙壁上美妙绝伦的装饰。这支笔的笔帽上没有笔夹，因为泰姬陵这座建筑相当对称，实体建筑与水中的倒影完美结合，著名作家马克·吐温曾说"它像徐徐升向天空的大理石泡泡"，而不带笔夹的笔正好能完美地再现这种对称性。

黑色天然树脂制造的泰姬陵钢笔，装笔的盒子为白杨木制成

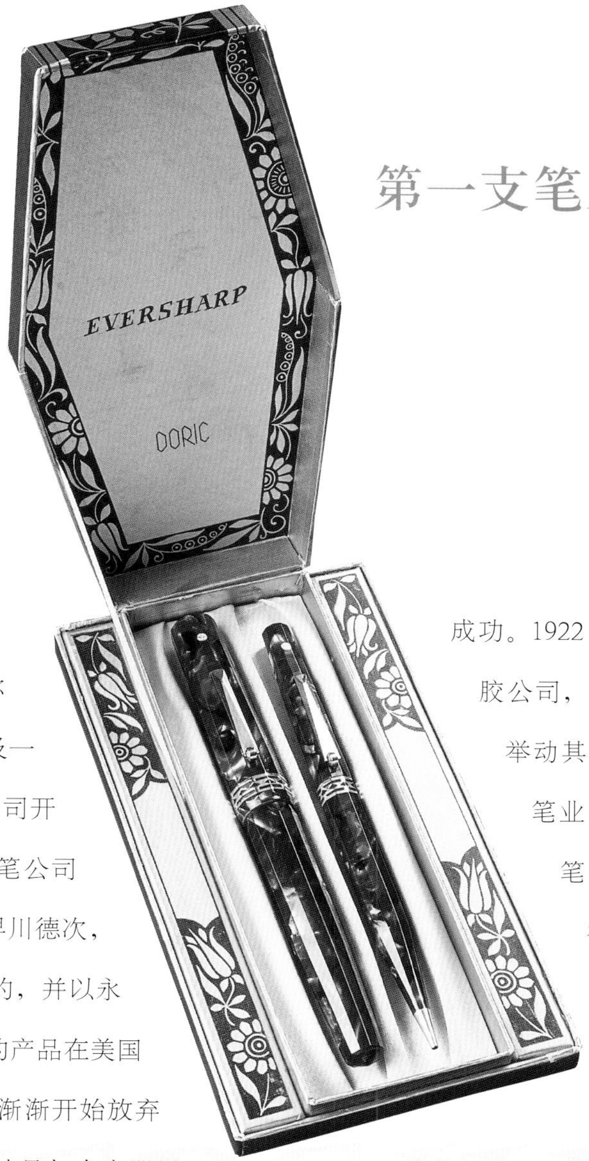

图中这款笔为摩洛哥皮革色多立克系列钢笔。多立克系列钢笔和威迪文的贵族系列钢笔都是20世纪30年代时所遗留下来的珍贵之物

第一支笔身呈多面体的钢笔

1905 年，约翰·威尔（John Wahl）在美国伊利诺伊州成立了威尔加法机公司，公司主要生产计算器以及一些金属零件。1914 年，威尔加法机公司开始投资日本的永锋铅笔公司。永锋铅笔公司于1912 年在日本成立，公司创始人为早川德次，其生产的自动铅笔笔身完全是纯金属的，并以永锋为品牌进行销售，当时，这个品牌的产品在美国风靡一时。然而，后来这家日本公司渐渐开始放弃生产书写工具，进而更名为夏普，也就是如今电器界数一数二的领军企业[①]。并且当时钢笔市场上竞争极为激烈，各大品牌全都摩拳擦掌，面对制笔巨头威迪文、派克、犀飞利，威尔决定奋力一搏，把精力集中在钢笔生产上。1917 年，威尔收购了波士顿制笔公司，这家公司不仅掌握着拉杆式上墨系统的专利，其生产的金制笔尖质量也堪称一流。1918 年，威尔推出了著名的泰保特（Tempoint）钢笔，获得了不小的

成功。1922 年，威尔全资收购了华盛顿一家橡胶公司，并开始制造自己的钢笔笔身。这一举动其实并不明智，因为两年之后美国制笔业已经渐渐转向用赛璐珞作为制作钢笔的材料，而硬质橡胶则变得不再流行。1928 年，公司推出了金海豹(Gold Seal) 系列尖头钢笔，这种钢笔的笔尖可以随意更换。1931 年，多立克（Doric）系列钢笔问世。

这款钢笔的笔身有十二个面，五种颜色：缅甸琥珀色、摩洛哥皮革色、条缎色、开司米绿色及煤玉色。1932 年，威尔又发明了一款可调式笔尖，笔尖下部有一个小零件，只要我们在书写前调节它的位置，便可以写出九种不同粗细的笔画。多立克系列钢笔可以说是 20 世纪 30 年代相当具有代表性的一款笔，至今还有不少收藏者为了它而苦苦追寻。

[①] 文中关于永锋铅笔公司的记述与部分资料不符。经查，日本永锋的品牌名为 "Ever-Sharp"，而 "Eversharp" 是美国永锋公司的品牌名。据维基百科（英文）"Eversharp" 词条，该公司于 1913年由查尔斯·鲁德·基兰创立，1916年年底与威尔公司合并。20世纪40年代之后因圆珠笔的发展而受到重击，并最终于1957年被派克接收。而在夏普中国官方网站等资料中没有符合本书记述的信息。——编者注

型与美的完美结合

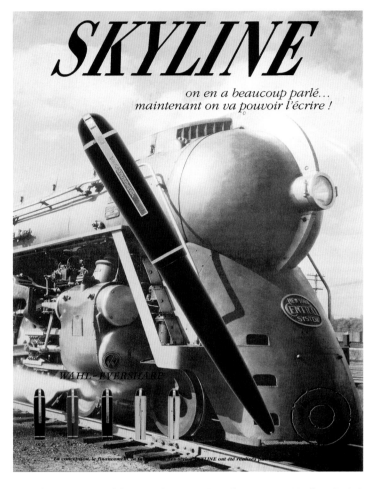

威尔-永锋邀请了设计师亨利·德雷福斯来设计地平线系列钢笔，他曾在20世纪30年代末为纽约中央铁路公司设计过一款J-3火车头

1940年，威尔公司与永锋公司合并，便有了如今的威尔－永锋。此时正值第二次世界大战期间，威尔－永锋公司的钢笔销售量开始走下坡路，主要原因是缺少创新及方针路线的错误。公司全资收购了一家橡胶制造公司，却没有意识到美国制笔业已经渐渐转向用赛璐珞制造钢笔笔身。为了重振公司的事业，马丁·施特劳斯（Martin Straus）开始实施新的发展策略。

1941年，威尔－永锋推出了一款新笔——地平线（Skyline）系列钢笔，并承诺终身保修。这款笔的上墨系统为拉杆式上墨，并且容量超大。因为笔身内部有一个呼吸管，这种笔即使在高空压力多变的情况下也不会发生墨水渗漏的情况。凭借着自身的实力及广告宣传，地平线系列钢笔很快就成为抢手货。地平线系列钢笔的笔身呈流线型，这一设计

可谓颠覆了当时的钢笔设计理念，其渐尖的笔尾可以方便地拨动电话机的拨号盘。这款笔有多种颜色，并且其制造材料也多种多样，如金、银、镀金银等。1945年，威尔－永锋成为钢笔工业中的龙头老大，其销售额相当可观，而这款著名的地平线系列钢笔也为公司历史书写了最为辉煌的一笔。

1943至1944年出品的地平线系列，包括钢笔和自动铅笔，14k金打造

把公司推向没落的一支笔

WAHL-EVERSHARP

CA圆珠笔的不可靠性加快了该品牌的衰落

第二次世界大战后，圆珠笔开始大量充斥美国市场。1945 年 5 月，威尔－永锋同埃伯哈德·法贝尔（Eberhard Faber）公司收购了比罗圆珠笔的专利权。经过了几个月的研究实践，CA（Capillary Action：毛细管作用）圆珠笔终于面世了。这款笔的工作原理就像它的名字一样，即毛细管吸力原理。为此，威尔－永锋共花费了二百多万美元，其中包括专利权的购买费用、圆珠笔系统的改良费用以及产品的推广费用。

在正式推出 CA 圆珠笔之前，威尔－永锋得知纽约的米尔顿·雷诺兹也出品了一款圆珠笔。于是，前者便将后者告上法庭，但是由于缺少必要证据，这件事便不了了之。1945 年 10 月 29 日，第一批雷诺兹圆珠笔上市。

雷诺兹圆珠笔的销售量简直惊人，仅仅一天，就卖出去一万多支！1946 年，威尔－永锋也推出了他们

的 CA 圆珠笔，这款圆珠笔为公司带来了可观的收入。然而好景不长，这些圆珠笔的质量并不可靠，1947 年，几千支笔都被顾客退了回来。

公司在广告宣传中把这支笔夸赞得天花乱坠，说它可以在任何材质的表面上书写，不论是普通的纸张、柔软的布料，还是吸墨水纸，它都可以应付自如，即便就是掉到水里，它还是可以毫无障碍地写出字来。但是，事实证明根本就不是这么回事。

此后，威尔－永锋公司艰难维持，一直到 1957 年把公司的书写工具部门出售给派克公司，20 世纪 60 年代，公司慢慢退出了历史舞台。

★据维基百科（英文）"Eversharp"词条：威尔公司起初将"威尔"用于钢笔，"永锋"用于铅笔，20 世纪20年代末，公司更名为"威尔-永锋"，并将此名称用于全部产品，1941年，公司更名为"永锋"。为方便辨识，本书中均使用"威尔-永锋"。

——编者注

1945年地平线系列钢笔的宣传广告，这款笔的大获成功推动了CA圆珠笔的出品

毛细管供给墨水装置的发明

品牌创始人：刘易斯·艾臣·威迪文先生（1837—1901）

刘易斯·艾臣·威迪文 1837 年出生于美国纽约迪凯特，16 岁时随全家人辗转至伊利诺伊州定居。这个人相当有经济头脑，并且自学能力超强。当时，到了冬天他就去学校里当老师，夏天则去当屋架工。后来，他慢慢从一名速记老师成为一个保险推销商。

1883 年的一次事故后，他的命运就完全改变了。当时刘易斯·艾臣·威迪文 45 岁，正准备签署一份相当重要的保险合同，为了签署这份合同，他还特意买了一支钢笔，因为他觉得钢笔比蘸水笔方便，并且大气得多。合同就在眼前，我

们的主人公拿着新买的钢笔准备签上自己的名字，而就在这时，不幸降临！一下、两下、三下，该死的钢笔就是不出水，但是更糟糕的还在后面，钢笔突然漏水，把重要的合同弄得满篇花。等他拟好另一份合同回来时，竞争对手早就已经抢走了这笔生意。恼火至极的威迪文便发誓一定要避免这种事情再次发生，为此他决定发明一种更为可靠的钢笔。于是，他便搬到了兄弟的车间里去研究制造一种新型给墨装置以代替之前那种根本毫无规律可言的给墨装置。皇天不负苦心人，最终，仅凭借着小刀、锯和锉刀这几样简单的工具，他利用毛细管原理发明了一款结构稳定的新型给墨装置。

随着新型给墨装置的发明，威迪文推出了他的第一支实体钢笔——稳定（Regular）系列钢笔。这款笔笔身瘦长，为滴管式上墨钢笔。1884 年 2 月 12 日，他获得了该款笔的专利。一开始威迪文本打算双管齐下，既进行钢笔制造，又继续自己的老本行保险推销，但是面对钢笔带来的巨大成功，他最终放弃了保险推销员这个职业。威迪文在纽约市富尔顿大街 136 号

图中这款稳定系列钢笔制造于 1896 至 1899 年间，由于其笔舌有了毛细导管结构，其上水及出水均十分稳定

1896年至1899年间生产的稳定系列钢笔，这种笔的给墨系统相当稳定

开了一家店铺，并同自己的老主顾一起组建了威迪文理想墨水笔公司，他对自己产品的质量无比信任，并承诺为他所制造的笔提供5年保修服务。公司成立的第一年共卖出了500支笔，全部由手工制作，笔身为木杆，储墨囊为厚橡胶。购买这款笔的顾客基本都是口口相传或是冲着其5年的保修而来。

刘易斯·艾臣·威迪文不是一个空想家，相反，他勇于实践且平易近人，他的好多顾客都和他成了好朋友。其中一位挚友E.T.霍华德(E.T.Howard）的广告经验相当丰富，他建议威迪文定期在一本有着30万读者的广告宣传册上做宣传。但是威迪文却有一点犹豫，因为他没有那么多钱。于是，霍华德便借给他62.5美元，并承诺如果没有回报便不用还钱。然而，这次宣传相当成功，订单如雪片一般纷纷而来。威迪文的所有朋友都为他凑钱来帮他开设第一家工厂，最终，一家生产金制笔尖的纽约公司与威迪文签署了协议。此后，他们生产的钢笔销量扶摇直上，先是2 000支，而后攀升到了5 000支。1888年，刘易斯·艾臣·威迪文的公司正式建立，位于百老汇大街一栋舒适的建筑里。

1884年2月12日，刘易斯·艾臣·威迪文为其滴管式上墨钢笔申请的专利

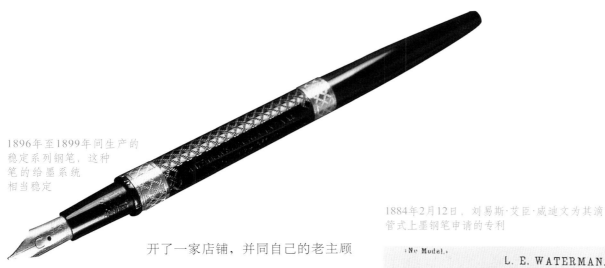

(No Model.)
L. E. WATERMAN.
FOUNTAIN PEN.
No. 293,545.
Patented Feb. 12, 1884.
Fig. 1.
Fig. 2.
WITNESSES
INVENTOR
Lewis E. Waterman
By his Attorneys

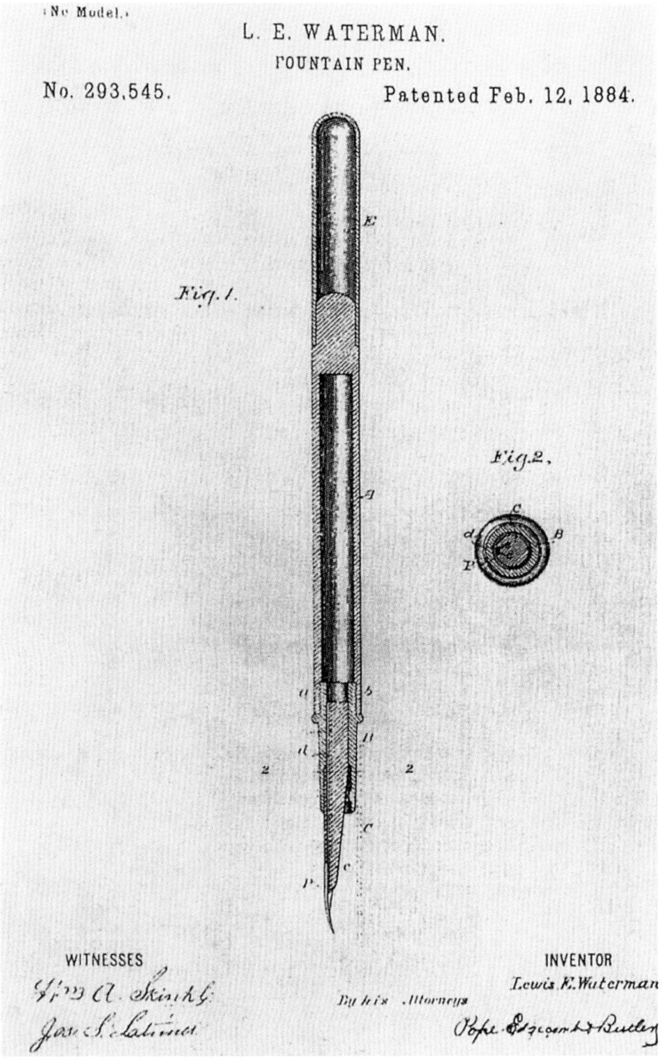

金银细工装饰的开始

右边这款笔为烛帽金银细工装饰钢笔424号（Taper Cap Filigree n° 424），制造于1900年前

1900 年至 1930 年间，利用金银细工装饰钢笔这项技艺相当盛行。金银细工是一种镶嵌工艺，其精细程度往往令人难以置信，装饰钢笔的时候，匠师们会把打造好的金银图案粘在钢笔的硬质橡胶笔管或笔帽上。1898 年，威迪文推出了他们的第一款金银细工装饰钢笔，此后 30 年中，又相继推出了 20 多款这一类型的钢笔。这种笔可以订购，顾客可以要求在上面刻上任何东西，比如名字缩写字母、给自己爱人的一句话、一个值得纪念的日子或是一束玫瑰花的图案……

刘易斯·艾臣·威迪文十分懂得聚贤纳才。他的合作伙伴之一威廉·I. 费里斯（William I.Ferris）刚刚来到公司的时候只不过是个跑腿的小人物，而后却得到威迪文的重用，开始进行新机器的开发以提高和优化钢笔生产。此后,他被派往新泽西州监督新工厂的建设，并监管威迪文在加拿大的分公司的人事情况，这一切努力都给威迪文带来了不小的成功。当时，公司出品的钢笔遍及北美大陆，1900 年，威迪文钢笔又成功出口到了法国巴黎。

图中的钢笔笔身上的金银装饰有20多种图案，一开始，装饰的打造由公司之外的金银细工匠师进行，后来公司在其内部成立了一个金银细工车间

1901 年，刘易斯·艾臣·威迪文逝世。直到生命的最后时刻，他还在不懈地监督钢笔的生产，设计笔身线条，计算笔身比例及思考新的笔身装饰花式，著名的 424 号钢笔就是在这时诞生的一支金银细工装饰钢笔。笔身及笔帽上的装饰为纯银打制，笔身纤细，往笔帽方向渐渐变得修长，这使得这款笔华贵且独特。此后，刘易斯·艾臣·威迪文的侄子弗兰克·D. 威迪文（Frank D. Waterman）接手公司，并决定将品牌推广到欧洲大陆。

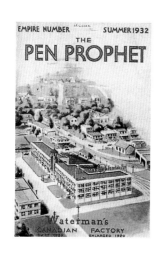

1932年出版的《钢笔市场预测》，这本小册子是公司的内部出版物

独特的自动上墨系统

1903年，一名威迪文公司的技师费里斯创造了一款利用小泵进行上墨的钢笔上墨系统

威迪文的钢笔在美国和加拿大的销售量相当可观，并且在世界各地都建立了一些值得信赖的出口代理机构。1903年，威迪文借内部出版刊物《钢笔市场预测》（*Pen Prophet*）向营销人员介绍公司目前出售的系列产品、正在进行的广告宣传活动、营销技巧以及公司新闻等。这一创新的举动无疑是市场营销的一大利器。

当时，刘易斯·艾臣·威迪文最重要的发明就是利用毛细管原理制造的笔舌，这一发明大大增强了钢笔的稳定性及可靠性。有了它，墨水就可以有规律地缓缓流到笔头。1884至1905年间，威迪文的所有钢笔都是滴管式上墨钢笔，这些钢笔笔身上全装饰有靓丽的金银雕饰，一件件宛如珍宝一般。

1903年，公司推出了帮浦上墨（Pump Filler）钢笔，它通过一个

小泵自动进行上墨。笔身内部有一活塞，向上拉动活塞，墨水便被汲上来。这款笔的笔身是透明的，内部的上墨系统装置可以看得一清二楚，此后，在它的影响下，又有不少其他的新颖上墨系统出现。

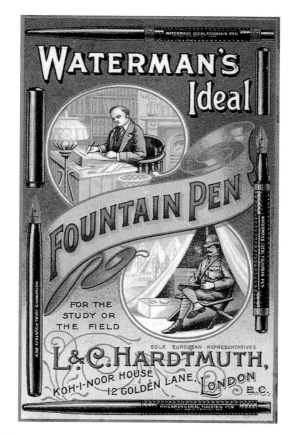

20世纪初威迪文钢笔在英国的广告：威迪文钢笔不但能在办公室里使用，也能在战场上使用

世界上最美的装饰

20 世纪初，不少钢笔制造商都在钢笔笔身装饰上大做文章，当时不少的钢笔笔身和笔帽上都装饰有镂刻的贵重金属及珍珠母贝。这种由珠宝大师或金银细工工匠精雕细琢的钢笔就是一件件浑然天成的艺术珍品。还有不少笔的笔身上装饰有十分细腻的金银丝镶嵌花饰，这项技艺相当复杂且精细，而成品都美艳绝伦。另外一些钢笔的笔身上则被粘上整块的压有阿拉伯花饰或藤蔓纹饰的贵重金属。有时候，这种笔上会镶嵌一些贵重的宝石以彰显个性，或者会依据客户的需求铭刻上他们名字的首字母缩写或重要的纪念日……

威迪文公司的第一款装饰笔诞生于 1898 年，此后，一直到 1901 年刘易斯·艾臣·威迪文逝世，他设计并制作了不少花色的装饰。可以说，他所制作的这些装饰精美的钢笔是无与伦比的，如这支印度花纹钢笔，周身包有 18k 金饰，制造于 1905 至

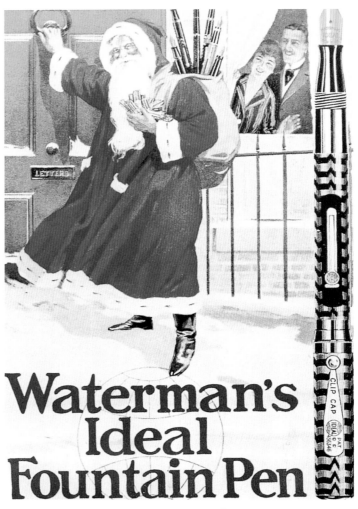

圣诞老人背包中最美的礼物——威迪文钢笔

1906 年之间，如今，这款钢笔相当稀有，被不少钢笔收藏者奉为珍品。

这款威迪文印度花纹钢笔是 1905 年威迪文公司设计的，笔夹相当新颖独特

一款举世罕见的笔

1907 年，威迪文公司推出了著名的安全笔，这款笔的笔尖及上墨系统均可任意伸缩——这主要是依靠公司发明的一种螺旋结构机制。当我们想要书写的时候，只要旋动笔身尾部，笔尖就会出来了；当像旋转瓶盖一样旋笔帽时，笔尖会缩回到笔握内。安全笔之所以叫这个名字，是因为它的密封性能相当好，这样，不论钢笔处于何种状态都不会发生漏水事故。公众对这种笔相当喜爱，因为有了它就再也不会出现墨水弄脏口袋的状况啦！威迪文还为这种新

图示钢笔为安全笔 444 号。当时大部分钢笔笔身均为黑色硬质橡胶制造，而这款笔则采用了与众不同的橘红色

款钢笔设计了流行的广告语："安全第一。"这款笔在美国一经推出便获得了不小的成功，在欧洲市场也销量大好，特别是在法国和德国。安全笔从其研制成功开始，在市场上流行了很长的时间，一直到了 20 世纪 40 年代才逐渐退出市场。1929 年生产的安全笔 444 号，笔身为橘红色硬质橡胶打造，外部有银丝细工装饰。这一型号的笔在世界上相当罕见，只有三支而已。

1921年威迪文的宣传广告，上面画着的正是一支安全笔

世界上最小的笔

威迪文打造了两款截然不同的钢笔，可谓两个极端：
巨人笔20号和娃娃笔

看到这支迷你笔的时候，每个人的第一反应都是好奇和吃惊，其实，威迪文公司制造这款笔的目的就是彰显其技艺的精湛。此款笔出品于1910年，被命名为娃娃笔。

这支微型笔的制造可以说是一次技艺上的奇迹。娃娃笔的笔身为黑色硬质橡胶，其中有些罕见的款型为红色硬质橡胶制成，上墨方式为滴管式，笔帽上的笔夹为著名的威迪文笔夹盖帽，这一设计始于1905年。娃娃笔的大小令人称奇：它只有5厘米长，其中安全笔款娃娃笔为6.5厘米，笔尖可自由伸缩。

出品这款笔的主要意图不是使用，而是广做宣传，公司希望通过这款笔把自己品牌的影响力推得更加深远。此后，这款娃娃笔此后便不断地出现在威迪文的展览专柜里，以吸引更多的钢笔购买者。这款笔展出的时候

这款小得难以置信的迷你笔比一支火柴大不了多少

往往都被放在一个铜制的小盒子里，与它一起展出的还有一款巨人笔20号（Giant n° 20），公司把两款笔一起展出以营造对比效果。不少参观者都把这种笔买回去当作纪念，甚至英国皇室还会把这种笔买回去用来装饰娃娃的房间。可以说，娃娃笔在世界上独一无二，充分展现了威迪文公司精湛的制笔技艺。

1910年，威迪文公司在纽约的办公楼

利用硬币上墨的钢笔

在大多数钢笔还都采用滴管进行上墨的时候，威迪文公司便已经开始寻找一种更好的方法来改良上墨系统了。1914 年，犀飞利公司推出了自己的发明：拉杆式上墨系统，一经推出便好评如潮。此外，1901 年，康克林制笔公司也推出过一款独特的上墨系统——新月式上墨系统，笔身外部可以看到一个金属的月牙形部件，该部件连接着笔杆内侧的一块纵向金属横片，压下月牙就可以将胶囊压缩，达到吸墨的效果。虽然这种上墨系统使用方便，可是，笔身上总带着一个金属零件，难免影响美观。

经过谨慎的考虑，威迪文公司最终选择了康克林的上墨系统，并且获得了专利使用权。于是，技师们便按部就班地开始了研究工作，首先就是要考虑去掉这个不美观的新月形部件。为了替换这一零件，他们设想了无数稀奇古怪的小配件，比如，利用手头上常用的东西来挤压墨囊。最终，他们决定在出售钢笔的同时搭上一枚公司特制的纪念币。当需要给钢笔灌水的时候，把硬币插入笔杆上的裂口，按动金属片压缩墨囊就可以了。

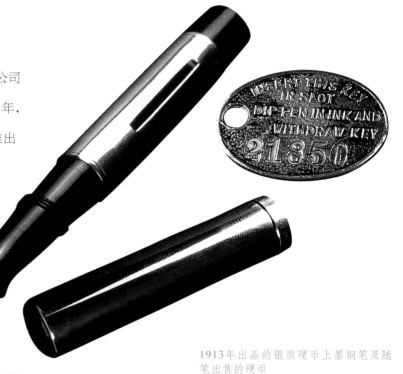
1913年出品的银质硬币上墨钢笔及随笔出售的硬币

第一款硬币上墨钢笔诞生于 1913 年，这款笔只在市场上出售了一年，如今相当罕见。

意大利式装饰

1898 年，威迪文公司开始推出笔身和笔帽上带有装饰的钢笔。随着时间的推移，威迪文钢笔的装饰笔越来越漂亮，笔身上的金银花饰优美典雅，与笔身成为有机整体。其中不少的钢笔装饰是细腻精致的金银细工花饰，另外一些则是直接包上镂刻或压纹的贵重金属。当时，威迪文邀请了众多才华横溢的金银匠和珠宝匠进行钢笔装饰。

1925 年，威迪文公司推出了一款装饰相当特别的安全笔——大陆（Continental）系列钢笔，这款笔的笔尖可任意伸缩，笔身装饰在意大利完成。金银装饰这项工艺是意大利佛罗伦萨的传统技艺，主要就是把镂刻及修整完美的镀金贵重金属直接附在钢笔笔身表面。这款大陆系列钢笔的笔身装饰虽然不是纯金的，但是其装饰的雕刻工艺及美学价值却是数一数二、世界罕有的，从中也可见意大利金银匠师巧夺天工的精湛技艺。

大陆系列钢笔从 1925 年到 1935 年共出售了十年之久，

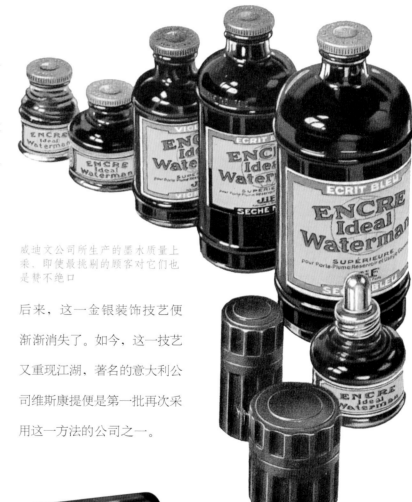

威迪文公司所生产的墨水质量上乘，即使最挑剔的顾客对它们也是赞不绝口

后来，这一金银装饰技艺便渐渐消失了。如今，这一技艺又重现江湖，著名的意大利公司维斯康提便是第一批再次采用这一方法的公司之一。

大陆系列安全笔42号，笔身上的花饰复杂且美丽

波纹系列笔的宣传广告，广告中喷起来的彩色水柱正好像这款笔笔身上的波纹图案

20世纪20年代的必备品

UNE NOUVELLE RÉALISATION de WATERMAN
L'ÉBONITE " GERBÉE " de COULEUR

Cette ravissante série de porte-plume et de porte-mine, dont les nuances se fondent dans d'élégantes courbes rappelant les lointaines fontaines lumineuses, est la dernière création de WATERMAN.

Jusqu'à ce jour l'ébonite, la seule matière parfaite pour la fabrication des portes-plume à réservoir, n'avait pu être teintée de couleurs variées, et c'est un grand succès pour les techniciens de WATERMAN que d'être les premiers à avoir pu obtenir avec l'ébonite toute la gamme de coloris délicats que nous présentons aujourd'hui.

Tous ceux qui aiment à retrouver dans leurs objets familiers la note d'élégance qui fait leur personnalité, seront heureux de posséder au ravissement de leurs amis un de ces nouveaux WATERMAN "gerbé".

Demandez à votre papetier de vous montrer un assortiment dans cette série qui comporte deux tailles dans chaque couleur.

POUR LE GROS
JiF

Porte-Plume Ideal Waterman

1883 年，刘易斯·艾臣·威迪文发明了第一支具备可靠给墨系统的钢笔。从那时起，威迪文便开始不断地壮大，直到在市场上独领风骚，其所生产的书写工具都在世界上享有盛名。20 世纪 20 年代，威迪文公司已经成为文艺界、体育界甚至政坛的专门供应商。1919 年 6 月 28 日，英国首相劳合·乔治（Lloyd George）使用威迪文的一款金笔签署了《凡尔赛条约》。比利时国王艾伯特一世也在同年颁发了一项特许令，将威迪文英国代表处定为宫廷特别供应商。甚至罗马尼亚的女王都对威迪文的笔青睐有加。

然而，当时钢笔市场竞争相当激烈，威迪文其实早就被派克、犀飞利及威尔－永锋这样的大牌子盯上了。1921 年，派克公司推出了著名的世纪系列钢笔，这款大红色硬质橡胶的钢笔一经上市就获得了巨大的成功，因为当时大部分的钢笔全都是黑色的。为了回击，威迪文公司于 1923 年推出了一款带颜色的钢笔，及笔身为双色的波纹（Ripple）系列笔，这款笔很快便风靡了钢笔市场。笔身上的颜色有两种色调：红蓝或绿及茶青色，分钢笔和自动铅笔。同时，威迪文公司还独辟蹊径，推出了七大系列的笔头，每款笔头都有其特有的形状，能符合不同人群的需求，比如左撇子、会计师、速记师或是专门从事抄写工作的人员。波纹系列在市场上销售了十多年，可以说是那个时代的代表作。而后，1926 年，犀飞利公司引入赛璐珞材料，硬质橡胶这种材料也逐渐被赛璐珞所代替，波纹系列才淡出市场。

图中上面这款笔为波纹系列7号，制造于1926到1930年间。笔帽上有一个黄色装饰环。下面这款笔是同时代的办公室专用笔，没有笔帽，可直接插在桌上的笔座上

125

一段真正的神话

很长时间以来，威迪文都用硬质橡胶制造笔身，可以说，他们是最晚引入赛璐珞这种材料的一批公司之一。不过，虽然他们很晚才引入赛璐珞，但是他们在笔身颜色多样化上做得还是相当不错的，比如硬质橡胶笔杆的波纹系列，这款笔的色泽鲜亮，与犀飞利和派克当时推出的赛璐珞制的彩色笔相比有过之而无不及。1929 年 1 月，威迪文公司推出了雍容华贵的贵族（Patrician）系列，抢尽了两家竞争者的风头。

为了制造这款笔，威迪文公司可谓大费苦心，每支笔的制造都需要经历 300 道手工工序，最后，笔帽上还会装上饰环及

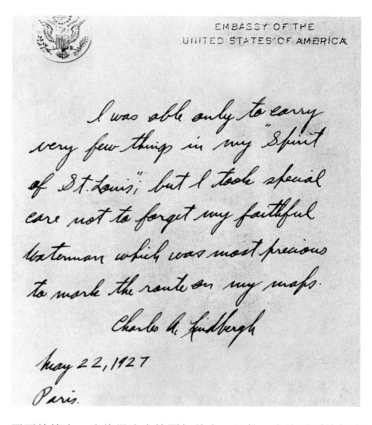

著名飞行员查尔斯·奥古斯都·林德伯格写于1927年的珍贵手稿，手稿中他提及了自己那支忠实的威迪文钢笔

周正的笔夹，这使得这支笔更加尊贵。另外，贵族系列的每支笔的笔尖均为手工打造的金制笔尖，笔身呈现出宝石的颜色：黑玉、缟玛瑙（红色及奶油色）、绿松石（蓝中带金）、祖母绿（碧玉）及珍珠母贝（珍珠白和黑），之后不久，公司又新推出了第六种颜色——藓纹玛瑙（该颜色系列有绿、棕、黑三色）。1930 年，威迪文推出了优雅的女士贵族（Lady Patricia）系列。

当时，威迪文公司生产的笔无论在线条和装饰上都紧跟时代潮流，一些款式的命名也像香奈儿的香水一样单独编号，如 5 号、7 号、92 号……同时，应一些顾客的特殊需求，公司还会在笔身上点缀一些

贵族系列钢笔笔身上往往带有闪亮纹状、大理石或苔藓纹的装饰，以模仿祖母绿、缟玛瑙及绿松石这些名贵的宝石颜色

名贵的宝石，装配上一块微型表或一个微型放大镜。依靠着独特新颖的设计和优秀的品质，威迪文贵族系列获得了巨大的成功。同时，公司还不惜重金，拨款100万美元为这款钢笔大做广告宣传。

当时，不少的杂志都利用大篇幅的彩页宣传威迪文的这款优雅美丽的笔。然而，1936年，贵族系列笔的款型开始变得有些陈旧过时，世界在前进，钢笔制造也在逐步变化，市场上出现了更多笔身更具流线型的笔。派克、犀飞利以及威尔－永锋这些知名品牌都推出了一系列笔身流畅的钢笔，以附和当时的流线型风潮。然而，威迪文公司却依故我地推销自己的贵族系列，直到1939年，这款产品全面停产。虽然贵族系列是一个商业上失败的作品，但其形制优美、质量上乘、做工精湛，一直以来都被钢笔收藏家们视为钢笔黄金时代最难得的经典产品之一。

CINQUANTENAIRE

1884·1934

C'est le 12 Février 1884 que L. E. WATERMAN fabriqua et vendit lui-même son premier porte-plume dans une petite boutique de New-York. Depuis, que de succès ont prouvé la valeur de son invention ! Plus de 60 millions de WATERMAN ont été vendus dans le monde, et il n'est pas un homme civilisé qui n'associe dans son esprit l'idée de porte-plume parfait au nom de WATERMAN

Waterman

1934年的威迪文宣传广告，广告内容为纪念威迪文公司建立50周年

玻璃墨芯在法国的重生

就像给手枪上子弹一样，这款杰夫笔没墨的时候，只要装进去一个玻璃制墨芯就好了

A Jif et Waterman
qui font maintenant partie
de notre matériel de bord.
Souvenir du record du monde de distance
en circuit fermé (10.605 Km).
20 Avril 1932.

1914年，威迪文欧洲部经理劳伦斯·G. 斯隆（Laurence G. Sloan）将其比利时及法国的代理权卖给了在公司工作了12年之久的朱尔斯·伊西多尔·法加尔（Jules Isidore Fagard）。后者决定成立自己的公司，并在法国制造威迪文品牌的书写工具，于是，杰夫－威迪文（Jif-Waterman）便诞生了。这里的"Jif"是朱尔斯·伊西多尔·法加尔名字的首字母缩写。可以说，在朱尔斯·伊西多尔·法加尔的管理下，公司飞速发展，其生产的产品遍及欧洲乃至全世界。

这款墨芯钢笔是最为疯狂的冒险

1932年，朱尔斯·伊西多尔·法加尔去世，他的妻子接任了公司事务，这也是威迪文公司女性掌权王朝的开始。这位领导者崇尚动力论和实在论，很快便在其他威迪文分公司中脱颖而出，且震惊了整个金融界。不久，公司成功推出了杰夫（Jif）笔，这款笔的上墨系统相当新颖，由佩罗（Perraud）先生设计制造。

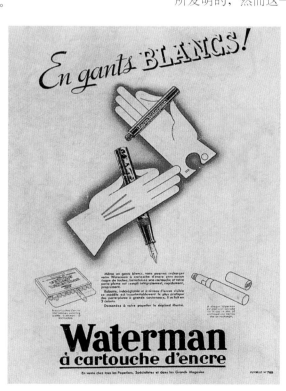

En gants BLANCS!

Waterman
à cartouche d'encre

1927年，他便设计了一款玻璃储墨芯，并于1935年申请了专利。世界上第一款玻璃储水笔芯事实上是1890年美国鹰牌铅笔公司所发明的，然而这一笔芯书写时墨水的流出不太稳定，很快就被淘汰了。而杰夫－威迪文公司发明的这款笔则不然，其使用方便，书写流畅，在此后20年中经久不衰。1935年，公司还在依西雷莫里诺建立了一家现代化的墨水厂。

杰夫笔可谓在威迪文的发展历程上书写下了浓重的一笔，它内部的玻璃制墨芯就是此后著名的CF墨芯的雏形，只不过，20世纪50年代出品的CF钢笔的墨芯管被换成了塑料质地而已。

1936年杰夫笔的宣传广告

"His first love"

保修一个世纪之久的钢笔

第二次世界大战前夕，威迪文公司推出了一款具有划时代意义的笔：百年钢笔（Hundred Year Pen）。笔如其名，威迪文公司承诺对这款笔提供长达 100 年之久的保修。承担这款笔的设计工作的人是当时著名的工业设计师约翰·瓦索斯（John Vassos）。他所设计制造的这款百年钢笔笔身线条流畅，用带螺纹的透明赛璐珞制造，这一螺纹笔身设计使得这款笔能够在很大程度上防滑，虽然在结构上它与贵族系列相似，但是形状却更符合当时的潮流。这款笔共有四种颜色：闪亮黑色、酒红色、森林绿色及海军蓝色。

此后百年系列的设计被威迪文公司多次加以利用，他们曾推出了一系列这种款式的笔。1943 年，又有几款新笔上市，其中一些笔身流畅，打磨光滑，另外一些则为 14k 金打造。特别值得一提的是，威迪文公司还推出了军人专用笔。这种专门提供给军人使用的钢笔笔夹设计独特，完全符合当时美国军队的规章条令，即：别在衬衣兜里的钢笔不能超过口袋的上沿。军人专用笔一般都被装在一个结实的铜制小盒中出售，因为这样

可以保证这种笔在运输过程中不会被损坏。另外，百年系列还推出了医生用笔。这款笔为象牙白色赛璐珞笔身，笔身内部可插入一支小型体温计。百年系列笔是威迪文公司最为经典的笔款之一，同时，它也是钢笔黄金时代的杰出代表作之一。

1940 年 12 月出现在《星期六晚邮报》上的广告

左边及下面这款笔为 1940 年生产的森林绿色百年系列笔，左边为自动铅笔，下面为钢笔

一项革命性的发明

CF墨芯钢笔224号，1955年生产，此后，CF墨芯钢笔推出了多种款式

第二次世界大战的爆发大大削弱了威迪文美国公司的势力，渐渐地，公司在市场上逐渐失去了领军地位。为了重整旗鼓，公司决定对其产品做出革新。为此，他们邀请了哈利·厄尔（Harley Earl）来进行笔身设计，哈利·厄尔是世界上第一名专职汽车设计师，通用汽车公司的"艺术与色彩部"主任。1953年，他果然不负众望，设计制造了CF墨芯钢笔（Cartridge Filler），这款笔在此后30年中一直是该品牌的领跑者。CF墨芯钢笔的设计相当独特，内里有一个塑料质地的墨芯，这一创新大大解决了换墨的问题，并且比之前的玻璃墨芯设计更为成熟。可以说，CF墨芯钢笔是1935年杰夫－威迪文公司申请专利的杰夫笔的接班人。内部的塑料墨芯，加上1883年刘易斯·艾臣·威迪文所设计的可靠笔舌，这款CF墨芯钢笔无疑是钢笔历史长河中最伟大的一项发明。

哈利·厄尔所设计的这款CF墨芯钢笔极具未来派风格，其笔夹新颖独特，与笔帽顶部融为一体，握笔处的金制镶嵌物与笔帽上的笔夹遥相呼应。整支笔线条流畅，简洁大方。CF墨芯钢笔一经上市便获得了不小的成功，虽然这款笔是在美国推出的，但相当奇怪的是，它在法国销售得很好。于是，威迪文法国分公司便利用这一时机扩大宣传及生产。此后不久，世界各地的钢笔制造商都开始效仿这款笔制造钢笔塑料墨芯。

CF墨芯钢笔在法国的宣传广告，这款笔在法国销量奇好

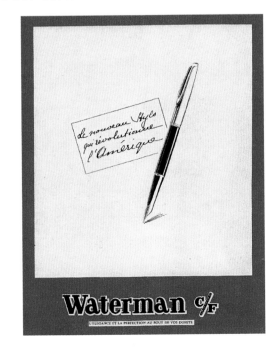

著名侦探小说人物马格雷探长的塑造者乔治·西默农也是这款CF墨芯钢笔的忠实使用者

百年传奇威迪文

男士100型钢笔一
经推出便获得了
不小的成功，这
款笔一直生产至
今，笔身表面涂
层和用料变化多
端，包括各种塑
料、木材和贵重
金属

1983 年，正值威迪文公司创立的百年纪念，公司为此
推出了一款名为男士100(Man 100)型的钢笔。1967年开始，
法国的附属公司杰夫－威迪文的主要生产都转移到了南特
附近的圣埃尔布兰，此后，公司经历了无数动荡。1969 年，
当时威迪文公司的经济形势相当不稳定：马塞尔·比克收
购了威迪文美国公司，之后，威迪文英国公司也成为人们
的永久回忆，只有杰夫·威迪文公司在这种困难的情况下继续
挥动着大旗。后来，弗朗辛·戈梅（Francine Gomez）成功地
从其祖母法加尔夫人手中接掌了公司大权，使公司重获了新生，
并将公司改组成威迪文 SA（Waterman SA）公司。1971 年，
威迪文法国附属公司从比克公司收回了威
迪文美国公司的所有权，此后不久，又收
回对加拿大及英国等地商标的控制权。

在弗朗辛·戈梅的管理下，公司精简
机构，大力减少浪费，并聘请了阿兰·卡
雷（Alain Carré）担当设计顾问。这一
时期，公司推出了不少新产品，比如，外
形优雅美观的绅士系列（Gentleman），尤其是随后出品的男

士 100 型钢笔。这款男士用笔，笔身呈圆柱状，比传
统的钢笔要长一些，它的研制大约用时两年之久。所
有的工序都是纯手工进行，其中一些特殊工序，比如
笔夹的打造以及笔身包金的雕刻，都需要由经验丰富的
金银工匠来进行。这支笔笔身包有 18k 金，前部为铑合金，
笔上刻有"1883—1983"字样，共有七种尺寸。笔帽装有
镀金饰环，笔夹采用威迪文设计的新型笔夹。可以说，威迪文
男士 100 型笔见证了威迪文公司这一百年来秉承的精湛技艺和
其不朽的辉煌。

1883年成立于美国纽约的威迪文公司在这一个世纪以来获得了几百万
用户的青睐

131

威迪文艾臣系列笔广告

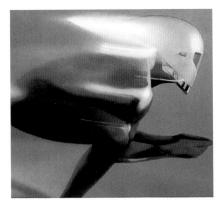

奢华重现

威迪文同法国古
驰集团旗下的珠
宝公司宝诗龙
（Boucheron）
合作，成就了这
款奢华无限的笔

1992 年，为了纪念公司创始人刘易斯·艾臣·威迪文，威迪文推出了极具奢华的艾臣系列笔。这款笔的设计由著名的纯理性（Raison Pure）设计集团完成，他们的设计理念就是让人们回忆起 20 世纪 30 年代钢笔黄金时期公司所出品的那款贵族系列钢笔。这款绝妙的艾臣系列钢笔的设计师共有三位：吉安尼·罗塔（Gianni Rota）、弗雷德里克·延森（Frédéric Jentsen）以及洛朗·艾洛（Laurent Hainaut）可以说，这款艾臣系列笔是公司最为顶级的产品。

艾臣系列笔制造工艺精细复杂，设计独具匠心。笔身为透明彩色塑料质地，颜色深邃且耀目，笔身为类似于海洋的蓝色，像一缕阳光泛过海面，这种效果是通过笔身的双层结构来实现的。其笔夹经过双层铆接固定在一不锈钢轴及一铜轴承上，并刻有编码。笔尖为 18k 金打制，共有七种尺寸，

笔尖延伸到握笔处的嵌入式支架也是纯金打制，使得这款笔贵气十足。

这款笔的墨芯设计相当独特，内部有一补偿器，这一构造合理地解决了钢笔在温度及海拔改变时会漏水的问题。事实上，当大气压强增加时，笔身内部墨水囊内的空气便会膨胀，而这样一来，墨水就会被膨胀的空气挤出笔尖，而艾臣系列钢笔内部的这一补偿器能够有效地解决这一问题。

艾臣系列的设计颇具未来派风格，造型新颖大方。另外，该款笔书写流畅，质量上乘，是威迪文 20 世纪末最为经典的一款笔。

包有传统笔身装饰的
艾臣系列笔

第一支具有完美弧形线条的笔

思逸系列的奢华之处在于其纯美的艺术风格

思逸系列握笔处银质镂刻饰环的细节图

1999 年，威迪文公司推出了一款具有划时代意义的产品。其实，自 1883 年以来，威迪文就一直致力于不断推出抓人眼球的书写工具，而这次，他们更是实现了其他公司都不敢尝试的奇迹：一支具有完美弧形线条并可以站立的笔。

思逸系列上市时的宣传广告，广告中的威迪文思逸系列成为东西方文化交流的桥梁

这款笔被命名为思逸 (Sérénité) 系列，和以往不同，这款笔不以奢华取胜。可以看到，以往笔身上那珍贵华丽的装饰都不见了，取而代之的则是其纯美的艺术气息。思逸系列带有中国的禅宗韵味，整支笔看来就和古代的毛笔一般。笔身中部细而两端渐宽，并且带有一定弧度，这在钢笔制造史上是绝无仅有的。其握笔处装饰有镂刻的银质饰环，上面的镂刻图案为一片片的竹叶。笔帽上的笔夹为拉丝银制，笔尖为 18k 含铑合金。这一系列拥有绝妙的平衡美及完美的弧形线条，如此罕有的艺术珍品，源于威迪文的精湛技艺及对细节的一丝不苟。

专业用语汇编

A

ABALONE（鲍鱼）：海生单壳软体动物，通常我们用它的壳来做装饰物。

ABS（ABS 塑料）：ABS 是丙烯腈、丁二烯和苯乙烯的三元共聚物，A 代表丙烯腈，B 代表丁二烯，S 代表苯乙烯，这种材料的抗冲击性非常好。

AGRAFE/ CLIP/ BARRETTE（笔夹）：利用它我们可以把笔竖直地别在上衣口袋的边缘。

AMBRE（琥珀）：石化的天然松柏科植物树脂，为不规则块状、颗粒状或多角形，大小不一。常见颜色有血红色、黄棕色或暗棕色，近于透明。

ANNELÉ（饰有环纹的）：以环状物作为装饰的。

ARGENTAN（赛银锌白铜）：一种铜、锌、镍的合金。它的白色光泽和银一样。

AVENTURINE（砂金石）：一种质地细腻的装饰用石，在阳光下会烁烁发光。

B

BAKÉLITE（胶木）：一种由酚和醛在酸的催化下得到的合成树脂，1907 年，巴克兰（Baekeland）申请了关于酚醛树脂"加压""加热""固化"的专利。

BARRE DE COMPRESSION（压缩杆）：笔身内部的零件，与笔身外部的一个小杠杆相连，当按下杠杆后，这个压缩杆便会挤压内部的储墨囊，将空气排出，这样，墨水便被吸入到墨囊里了。这一系统由犀飞利于 1908 年发明。

BILLE（圆珠笔走珠）：笔尖上的金属制球形物，笔芯内的笔油通过它被带到纸上。事实上，这一部件出现在 19 世纪末，然而，其正式被研制成功还是在 1938 年，由比罗进行。

C

CAPILLARITÉ（毛细管原理）：这是物理学的原理，越细的毛细管吸水能力越强。威迪文利用这一原理制造了一种出墨更为稳定的钢笔。

CARBURE DE TUNGSTÈNE（碳化钨）：一种钨和碳组成的化合物。碳化钨的硬度极高，与金刚石相近，常被用于制造圆珠笔走珠。

CARÉNAGE（流线型外壳）：这里是指钢笔的笔身修长，轮廓流畅。

CARTOUCHE（可更换钢笔墨芯）：世界上第一支可更换钢笔墨芯为 1890 年美国鹰牌铅笔公司发明的一种玻璃制墨芯。1936 年，杰夫－威迪文公司也推出了一款玻璃钢笔墨芯，1953 年，他们又推出了一款钢笔——CF 墨芯钢笔，这款笔内部的可更换墨芯为塑料制造。此后，不少品牌都效仿制造这种可更换的塑料墨芯。

CELLULOÏD（赛璐珞）：即硝化纤维塑料，是塑料的一种。由胶棉（低氮含量的硝化纤维）和增塑剂（主要是樟脑）、润滑剂、染料等加工制成。透明，可以染成各种颜色，容易燃烧。由于其上色方便，于是很快便取代了传统的制笔材料硬质橡胶。

CHANTOURNER（仿形切割）：这一技法可以切割出曲线优美、复杂、精细的图案。

CIRE PERDUE（失蜡法）：这是一种古代的金属铸造方法。首先用熔蜡制造出想要铸造的物品的模型，然后用耐火材料对其进行填充，并将蜡模的外部加以包裹。将填充并包裹好的整体进行加热，这样蜡便会熔化，留下铸件模型的空壳，

此时再向其中倒入熔化的金属，待到金属凝固后，便可把耐火材料层打碎，得到想要铸造的物品

COIN FILLER（硬币式上墨系统）：1913 年由威迪文公司发明的上墨系统。使用这种上墨系统的笔笔身上有一道裂缝，上墨水的时候可以将一枚硬币插入这个缝隙挤压内部的墨水囊，这样就会把墨囊中的空气挤出，而墨水也就被吸到墨水囊里了。

COMPTE-GOUTTES（滴管）：由橡皮乳头和尖嘴玻璃管构成，最初的钢笔均是用这一配件进行上墨的。

CONDUIT（笔舌）：钢笔上墨及出墨的通道。

CONDUIT *OVERFEED* OU *UNDERFEED*（笔舌，显 / 隐）：笔舌的两种形式，前者显露出来，而后则隐于笔尖下，这样就能充分地体现出金质笔尖的美丽了。

CONE CAP（锥帽）：这是钢笔的一种形状，笔尾及握笔处均呈圆锥形，这样的结构使得笔在手中不易滑脱，并且在盖笔帽的时候也得心应手。这一形制的笔出现于 1893 年，此后于 1898 年得名"锥帽"。

CRESCENT FILLER（新月式上墨系统）：1901 年由康克林公司发明的上墨系统。这种上墨系统的钢笔笔身上有一新月形的金属物，按下去之后会挤压钢笔内部的墨水囊，这样墨囊内的空气便被挤压出来，而墨水则被吸入墨水囊内。

CULOT（笔尾旋帽）：钢笔尾部的旋帽，一般均可拆卸。

D

DAMASQUINAGE（金银丝嵌花）：一种利用金银丝镶嵌在物体表面上进行装饰的手工艺术。

DÉCAGONAL（十角的）：具有十个角及边的物体。

E

ÉBONITE（硬质橡胶）：经过硬化作用而变硬的橡胶。由英国人托马斯·汉考克（Thomas Hancock）于 1840 年发明。20 世纪 20 年代，赛璐珞材料进入钢笔制造业，这使得钢笔笔身有了更多的颜色选择，而之前，钢笔笔身的制造一直依赖于硬质橡胶。这种材料质地坚实、价格经济并且可以有效地抗击墨水对笔身的腐蚀，但是它的最大缺点就是颜色比较单一，只有黑色和暗红色。

EYE-DROPPER（滴管式上墨系统）：利用滴管进行上墨的一种上墨方式。

F

FILIGREE（金银细工装饰）：这一工艺由经验丰富的金银匠进行，把成片状的金或银裁切修整好装饰在笔身上。

FULGURITE（闪电管石）：当闪电击中泥土或沙，就可能令它们瞬间熔化，然后又凝固，便会形成闪电熔岩。

G

GALALITHE（酪素塑料）：由酪蛋白和甲醛制得的类角质塑料，于 1879 年发明。

GODRON（椭圆饰）：浮雕效果的椭圆装饰，一般成组出现。这一装饰为 S.T. 都彭所独有。

GRECQUE（回形饰）：一种古老的装饰图案，一些呈直角的图形仿佛交替着连绵出现。

GUILLOCHER（刻格状饰纹）：在金属表面雕刻交织的直线作为装饰。

H

HÉLICOÏDAL（螺旋状）：呈螺旋形的部件。

HYGROSCOPIQUE（吸湿的）：吸收空气中的潮气的。

I

IRIDIUM（铱）：白色的硬质金属，于 1804 年由英国化学家史密森·坦南特

(Smithson Tennant) 发现。它被广泛用于钢笔笔尖加固中，因为金制的笔尖质地太软，在书写的过程中磨损严重，而加入了铱以后，笔尖便变得顺滑且耐用了。

J

JACK-KNIFE SAFETY（杰克刀安全笔）：1912 年由派克公司发明。这是第一款有安全笔帽的笔，笔身尾部的旋钮下有一暗藏的弹簧按钮，可以使笔帽保持密封。

L

LAQUE DE CHINE(中国漆艺)：中国漆器艺术始于公元前 2850 年。天然漆，也被称为大漆，是从一种呈羽状复叶的落叶乔木——漆树——身上分泌出来的一种液体，呈乳灰色，接触到空气后会氧化，逐渐变黑并坚硬起来，人们往往会在其中加入色素以调配出不同的颜色。

LEVIER（拉杆式上墨系统）：这一上墨系统由犀飞利公司于1908 年发明。这种上墨系统的笔笔身上有一拉杆，按动它，内部相连的挤压杆便会挤压墨囊，将空气排出，以便吸入墨水。

LUCKY CURVE（"幸运曲线"笔舌）：1894 年由派克发明的笔舌结构。这种笔舌的后端弯曲，如果笔尖朝上插在衣服口袋里，弯曲的

末端便可以确保墨水不会因为表面张力的作用倒流回墨水囊内而使笔尖冒水。这一发明奠定了派克笔是"清洁笔"的基础。

M

MAKI-E（莳绘）：日本莳绘艺术是漆工艺技法之一，始于公元 7 世纪。莳绘技法以金、银屑加入漆液中，干后做推光处理，显示出金银色泽，极其华贵。

MANCHON（握笔处套筒）：两头开放的圆柱形部件，套于握笔处。

MASTERPIECE（杰作）：同一系列笔中最为奢华的几款可用此名形容。可以说，被冠以此名的笔代表了公司最为杰出的工艺技术，是该公司所有产品中的奇葩。

O

ŒIL DE LA PLUME（笔尖通气孔）：位于笔尖的开孔，书写的时候，笔尖两半略微张开，空气便沿着这个孔通向内部储墨囊以保持气压平衡。

OR（金）：贵重金属，常用于笔尖制造。但是金这种金属质地比较软，为了避免磨损过度，一般会在笔尖顶端镶嵌一个铱粒或锇粒。真正的纯金质地过于柔软，所以，我们在制造笔尖的时候用的往往都是合金，也就是在其内部添加铜和银。这种合金含金量的百分比需要极为严格地遵循国际标准，以开（Carat）为单位。纯金即为 24k 金，含金量达到99.6% 以上（含 99.6%）；18k 金含金量达到 75%；14k 金达到 58.5%.

OSMIRIDIUM（锇铱合金）：锇和铱的合金，这两种金属质地很硬，常用于金制笔尖的加固。

OSMIUM（锇）：铂族金属成员之一，颜色呈蓝白色，常用于加固金制笔尖。

OVERLAY（包裹式装饰笔身）：笔身被包裹上镂刻或雕刻的金银饰片。

P

PALLADIUM（钯）：质地坚硬的白色金属。用于制造钢笔笔尖。

POLYPROPYLÈNE（聚丙烯）：一种质地坚硬的塑料。

PUMP FILLER（帮浦上墨系统）：1903 年由威迪文公司发明的一种通过泵结构自动上墨的装置。

R

RÉGULAR（稳定系列）：刘易斯·艾臣·威迪文于 1884 年发明的第一款钢笔。

REMPLISSAGE À BOUTON（按钮式上墨系统）：1916 年由派克公司发明的一种上墨系统。采用这种上墨系统的笔在笔尾有一个连接着一个弹簧的按钮，按动按钮，弹簧便可以压迫墨水囊，挤压出空气，松开按钮后，墨囊便会吸入墨水了。

REMPLISSAGE À PISTON（活塞式上墨系统）：1929 年由百利金公司发明的一种上墨方式。活塞上墨使用类似螺丝的结构，以旋转活塞杆来驱动活塞上下运动完成上墨。

REMPLISSAGE TOUCHDOWN（轻压式上墨系统）：1949 年由犀飞利发明的一种上墨方式。这种上墨系统的墨囊外面套有一个金属套，金属套上方开一个小孔，笔杆为双层，第一层是外笔杆，第二层其实是一个金属滑套，原先充满在外层滑动金属套中的空气产生压力，透过胶囊金属套的小孔压迫墨囊完成上墨。

RÉSINE（树脂）：分为天然树脂和合成树脂，用于制造塑料。

RHODIUM（铑）：质地坚硬的贵重金属，比金还要贵重，经常用于珠宝制造中，用以打造镶嵌宝石的托架。

RIPPLE（波纹系列）：硬质橡胶钢笔，笔身融入了混合颜色，如同水波纹。

ROLLER（中性笔）：墨水笔的一种，其墨水成分主要为水，而圆珠笔的墨水成分主要为油。这种笔书写起来比圆珠笔更为流畅，出水更为均匀。

S

SAFETY（安全笔）：由摩尔公司于 1896 年发明，后来由考斯公司和威迪文公司分别在 1905 年和 1907 年进行改良。

SECTION（笔握）：这一部分位于钢笔笔尖和墨水囊之间，内部有笔舌等重要部件。

SNORKEL（潜艇式上墨系统）：1952 年由犀飞利发明的一种上墨方法。钢笔前端有一支呼吸管，通过旋拧笔尾的笔帽可将其推出笔尖。将呼吸管深入墨水中抽拉钢笔尾杆即可完成上墨动作。有了这个呼吸管，上墨的时候便无需将整个笔尖伸到墨水瓶中了，也省去了清理笔尖的麻烦。

STRAIGHT CAP（直帽）：这是钢笔帽的一种形状，为直上直下的圆筒状。

STREAMLINE（流线型）：20 世纪 30 年代生产的钢笔笔身均修长光滑，其设计理念来自于飞机机身的设计，这种笔身形制被称为流线型。

T

TAPER CAP（烛帽）：这是钢笔帽的一种形状，底部宽顶部尖。

TITANE（钛）：这种金属质地坚硬却很轻盈，抗腐蚀，常用于航天制造。

V

VACUMATIC（真空上墨系统）：1932 至 1933 年间由派克公司发明的上墨系统。这种笔并不是真的不用墨囊，只能说它并不把墨囊当墨囊用，有人把这种墨囊叫"横膈囊"。如其名称所示，该系统是以类横膈膜动作来上水。

名笔估价与行情

其实，要想给一支名笔定价相当困难，因为影响其价格的因素太多了，比如它的保存状况、产地以及其供求关系的浮动。每年，伦敦的宝龙拍卖行都会进行多次相关的拍卖活动，通过这些拍卖活动，我们可以对一些名笔的价格有个大体的了解。

目前（截至 2001 年）世界上拍卖价格最高的笔为 2000 年 12 月 8 日在宝龙拍卖行拍卖的一支登喜路－并木品牌的笔，一名个人收藏者出价 183 000 法郎将其购入。这支笔是 20 世纪 20 年代制造的莳绘钢笔。宝龙拍卖行曾公开说："这支笔是我们所见到的最为完美的一支。"

2001 年 6 月 15 日，宝龙拍卖行的拍卖结果。

参加拍卖的笔的状况均不太明确。另外，需要在出售价格中加入相关的法律费用（约占总额的 15%）。

考斯 303 号钢笔，安全笔，笔身为黑色硬质橡胶，装饰有两个镀金饰环，1905 年左右产于美国：估价为 80 至 100 英镑，实际 100 英镑售出。

梅比·托德天鹅系列钢笔，滴管式上墨镀金钢笔，1952 年左右产于美国：估价为 80 至 100 英镑，实际 70 英镑售出。

万宝龙红与黑系列，安全笔，包有镂刻金片装饰：估价为 1 200 至 1 800 英镑，实际 1 800 英镑售出。

万宝龙大班系列 134 号钢笔，赛璐珞材料笔身，1943 年左右产于德国：估价为 150 至 200 英镑，实际 180 英镑售出。

摩尔不漏笔，保存状态完好，1919 年左右产于美国：估价为 150 至 200 英镑，实际售价尚未公布。

派克真空系列，保存状态完好，20 世纪 30 年代中叶产于加拿大：估价为 150 至 250 英镑，实际 160 英镑售出。

派克世纪系列满大人笔，保存状态完好，1927 年左右产于美国：估价为 400 至 500 英镑，实际 480 英镑售出。

派克 61 系列，该系列钢笔的第一版产品，1956 年产于美国：估价为 50 至 80 英镑，实际 85 英镑售出。

派克镀金蛇笔，1907 年至 1910 年间产于美国：估价为 8 000 至 10 000 英镑，实际售价尚未公布。

派克 75 系列钢笔，笔身镶银，保存完好，20 世纪 60 年代产于美国：估价为 60 至 80 英镑，实际 70 英镑售出。

百利金 100 号钢笔，保存完好，1931 年左右产于德国：估价为 120 至 150 英镑，实际 65 英镑售出。

犀飞利潜艇式演示样品笔，1950 年产于美国：估价为 100 至 200 英镑。

犀飞利 PFM 3，保存状态完好，1960 年左右产于美国：估价为 70 至 100 英镑，实际 60 英镑售出。

犀飞利平衡系列，保存状态完好，1930 年左右产于美国：估价为 50 至 70 英镑，实际 40 英镑售出。

威尔－永锋多立克系列两支装，1935 年左右产于美国：估价为 60 至 80 英镑，实际 130 英镑售出。

威尔－永锋地平线系列，保存完好，1942 年左右产于美国：估价为 60 至 80 英镑，实际 90 英镑售出。

威迪文 12 号金银细工笔，1910 年左右产于美国：估价为 80 至 120 英镑，实际 110 英镑售出。

威迪文贵族系列，赛璐珞笔身，保存完好，1930 年左右产于美国：估价为 500 至 800 英镑，实际 520 英镑售出。

墨水笔在线出售及拍卖网站
Bonham's
www.bonhams.com
Penbid
www.penbid.com
Bill's Pens
www.billspens.com
书写用具收藏爱好者俱乐部（Club des collectionneurs d'objets d'écriture）
地址：法国克拉翁地区，布朗利巷 7 号
邮编：53400
(7, allée Branly – 53400 Craon)

索引

下表中黑体数字表示该词在书中正文出现，斜体字表示在插图文字中出现。

参考书目

专 著

Brigitte Coppin,
le Stylo plume,
éditions Casterman，Paris，1991.

Alexander Crum Ewing,
le Stylo à plume,
éditions Soline，Courbevoie，1997.

Jean-Pierre Guéno,
Bruno Lussato,
Kimiyasu Tatsuno,
Un amour de stylo,
Robert Laffont/musée de la Poste,
Paris，1995.

Pierre Haury
et Jean-Pierre Lacroux,
Une affaire de stylos,
éditions Seghers/éditions Quintette,
Paris，1990.

Andréas Lambrou,
Stylos d'hier et d'aujourd'hui,
édition Ars Mundi，1991.

Éric Le Collen,
Objets d'écriture,
éditions Flammarion，Paris，1998.

Stylos, *de l'écriture à la collection*,
éditions Gründ，Paris，1998.

杂 志

Plumes (revue trimestrielle)
3，rue Saint-Philippe-du-Roule,
75008 Paris.

Pen World
World Publications
3946 Glade Valley，Kingswood,
Texas 77339，États-Unis.

实用地址

法国巴黎阿曼多·西蒙尼钢笔及书法博物馆（Musée du Stylo et de l'Écriture Armando-Simoni）
地址：巴黎居伊·德·莫泊桑街3号
邮编：75016
（3，rue Guy-de-Maupassant 75016 Paris）
电话：01.45.04.01.63　06.07.94.13.21.
电子邮箱：penmuseum@free.fr

邮政博物馆（Musée de la Poste）
地址：巴黎沃吉拉尔街34号
邮编：75015
（34，boulevard de Vaugirard 75015 Paris）
电话：01.42.79.24.24.
网址：www.laposte.fr/musee
电子邮箱：musee@web.laposte

莫拉（Mora）钢笔零售店
出售钢笔并可以进行钢笔维修
地址：巴黎图尔依街7号，
邮编：75006
（7，rue de Tournon 75006 Paris）
电话：01.43.54.99.19.

马格利塔（Margueritat）钢笔零售店
出售钢笔并可以进行钢笔维修
地址：巴黎克雷贝尔街59号
邮编：75016
（59，avenue Kléber 75016 Paris）
电话：01.47.27.86.68.

尖羽毛（Point Plume）钢笔精品店
专门出售限量版钢笔
地址：巴黎冈坦－博夏尔街21号
邮编：75008
（21，rue Quentin-Bauchard 75008 Paris）
电话：01.49.52.09.89.

致　　谢

衷心感谢各大媒体服务机构无偿地为我们提供各种文献资料。

同时我们也要向法国巴黎阿曼多·西蒙尼钢笔及书法博物馆及其创建者布鲁诺·吕萨托表达由衷的感谢，他慷慨地向我们展示了其所有的珍贵藏品，并分享了他对钢笔的无限激情。此外，还要感谢安德烈·莫拉能够无私地借给我他所珍藏的所有资料；感谢皮埃尔·奥里为我提供的重要信息；感谢尖羽毛墨水笔精品店的克里斯蒂娜（Christine）；感谢摄影师亚历山大·雷蒂（Alexandre Réty）、瓦莱里奥·梅扎诺蒂（Valério Mezzanotti）和克里斯托夫·鲁菲奥（Christophe Rouffio）。

谢谢大家，最后，还要向米里亚姆·布朗（Myriam Blanc）、卡特琳·法里诺（Catherine Farineaux）及樊尚·佩雷涅（Vincent Peyrègne）表达我由衷的谢意。

图片来源